鄂尔多斯盆地油气田集输管道施工标准图集

王登海　胡建国　◎主编

EERDUOSI PENDI YOUQITIAN
JISHUGUANDAO SHIGONG BIAOZHUN TUJI

石油工业出版社

内 容 提 要

本图集依据国家相关法律法规、行业标准和实际施工经验，系统介绍了鄂尔多斯盆地油气田集输管道施工的标准流程、技术要求及质量控制措施，内容涵盖管道防腐、布管、焊接、检测、回填、阀室及储罐安装、穿跨越施工、水工保护、场站建设以及施工安全等多个方面，旨在为油气田集输管道施工单位提供全面、实用的技术指导和参考。

本书可供从事油气田集输管道施工的技术人员、科研人员、管理人员阅读，也可供高等院校相关师生参考。

图书在版编目（CIP）数据

鄂尔多斯盆地油气田集输管道施工标准图集 / 王登海，胡建国主编 .-- 北京：石油工业出版社，2025.6.
ISBN 978-7-5183-7422-9

Ⅰ.TE973-64

中国国家版本馆CIP数据核字第2025PP1685号

出版发行：石油工业出版社
　　　　　（北京市朝阳区安华里二区1号楼　100011）
　　　　　网　　址：www.petropub.com
　　　　　编辑部：(010)64523785
　　　　　图书营销中心：(010)64523633
经　　销：全国新华书店
排　　版：北京密东文创科技有限公司
印　　刷：北京九州迅驰传媒文化有限公司

2025年6月第1版　　2025年6月第1次印刷
787毫米×1092毫米　　开本：1/16　印张：11
字数：270千字

定价：98.00元
（如出现印装质量问题，我社图书营销中心负责调换）
版权所有，翻印必究

《鄂尔多斯盆地油气田集输管道施工标准图集》

编 审 组

主　编：王登海　胡建国

副主编：王晓明　王军锋　梁德平　崔　缤　张汉德　马　宏
　　　　令永刚　李　岩

参　编：李益民　吴亚武　陈海涌　王志东　白金亮　庞利平
　　　　马建军　高玉龙　鲁艳峰　宋世华　张利军　郭　和
　　　　朱国承　赵满平　辛学礼　吴海波　范晓东　田少鹏
　　　　李　睿　卢宏伟　臧国军　谢　刚　翟博文　刘玉梅
　　　　高贵胜　王　楠　叶　琪　石　琳　张玉萍　赵翠华
　　　　李　楠　胡博瑞　张　平　张祥光　牛振宇　高　飞
　　　　刘　军　赖海涛　田开庆　蒲新阳　宋　涛　许　丽
　　　　李宇龙　黄　静　曾益铭　廖俊杰　韩彦忠　李先兵
　　　　邢金涛　高　飞　熊小伟　周冰欣　张　挺

前 言
PREFACE

  鄂尔多斯盆地作为中国第二大沉积盆地，蕴藏着丰富的油气资源。随着勘探开发技术的不断进步，盆地内的油气田建设规模日益扩大，集输管道施工成为油气田开发的关键环节之一。为确保集输管道施工的质量与安全，提高施工效率，特编制《鄂尔多斯盆地油气田集输管道施工标准图集》（简称图集）。

  期望通过本书的编制与应用，能够规范鄂尔多斯盆地油气田集输管道的施工行为，提升施工质量，确保安全生产，为油气田的可持续开发提供有力保障。同时，本书也可作为相关领域技术人员培训和学习的重要资料，推动油气田集输管道施工技术的不断进步。在使用中应注意：

  根据实际工程情况，合理选用图集中的标准图例和技术参数。

  对于特殊或复杂工程，应在施工前进行技术论证，必要时可邀请专家进行咨询和指导。

  本书由长庆油田分公司组织编制，参与编制的人员包括工程技术专家、施工管理人员及一线技术人员等。在此，对参与编制工作的所有人员表示衷心的感谢！

  由于编者水平有限，书中难免存在不足之处，恳请广大读者批评指正。

编 者

2025年1月

目 录
CONTENTS

1 管道防腐、保温及拉运、堆放和保存 ·· 1
  1.1 管道外防腐、保温 ·· 1
  1.2 管道拉运、堆放和保存 ··· 15
2 布管 ·· 24
3 管道焊接、检测及补口补伤 ··· 28
  3.1 管口、坡口清理与加工 ··· 28
  3.2 管口组对 ··· 30
  3.3 管道焊接 ··· 31
  3.4 管道焊口编号 ··· 43
  3.5 无损检测、电火花检测 ··· 44
  3.6 补口补伤 ··· 46
4 管沟开挖、管道下沟 ··· 53
  4.1 管沟尺寸 ··· 53
  4.2 管沟开挖 ··· 53
  4.3 管道下沟 ··· 55
5 管道清理 ·· 56
6 管沟回填 ·· 62
7 阀室、阀井及储罐等设备安装 ··· 64
  7.1 施工准备、测量放线 ·· 64
  7.2 设备组装 ··· 64
  7.3 焊接与探伤 ··· 66
  7.4 补口、检漏 ··· 69
  7.5 土建工程 ··· 69
  7.6 管线设备接地、绝缘接头安装 ·· 75
  7.7 仪器设备的安装 ·· 81
8 管道穿跨越施工 ··· 83
9 水工保护 ·· 85
  9.1 支挡坡面防护工程技术措施 ·· 85
  9.2 冲刷防护工程技术措施(石砌、草砌) ·· 85

10	**场站建设**………………………………………………………………	**88**
	10.1 泵、压缩机及罐等设备的安装……………………………	88
	10.2 场站土建…………………………………………………	92
	10.3 电线、电缆建设…………………………………………	117
	10.4 道路建设…………………………………………………	120
	10.5 管件尺寸…………………………………………………	123
	10.6 设备、材料的运输、堆放和清理………………………	124
	10.7 人员管理和操作规范……………………………………	128
	10.8 垃圾清理与环境保护……………………………………	133
11	**施工建设安全**…………………………………………………………	**134**
	11.1 用电安全…………………………………………………	134
	11.2 消防安全…………………………………………………	143
	11.3 施工防护安全……………………………………………	145
	11.4 警戒标识…………………………………………………	162

1 管道防腐、保温及拉运、堆放和保存

　　管道的防腐、保温及拉运、堆放和保存的目的是确保管道在施工前具备良好的防腐和保温性能,为后续的安全运行奠定坚实基础。通过规范防腐、保温施工及管道运输存储管理,可减少施工质量问题导致的安全隐患,提高管道的使用寿命和经济效益。本章列出了管道防腐、保温相关的整改前后照片及不符合内容,包括外防腐层的选择、施工标准、保温层的施工规范等,同时强调了管道在拉运、堆放和保存过程中的保护措施,以防止防腐层和保温层受损。

1.1 管道外防腐、保温

整改前	整改后

采气管线除锈不彻底,焊口两侧有明显锈斑的情况下进行底漆涂刷。

不符合:SY/T 4204—2019《石油天然气建设工程施工质量验收规范 油气田集输管道工程》中第7.1.2条规定:补口补伤处表面除锈质量等级应达到Sa2.5级或Sa3级。

整改前	整改后

高/低温导热油炉、高/低温热媒供油/回油管线防腐完成后,未进行报验擅自进行管线保温施工。

不符合:GB 50126—2008《工业设备及管道绝热工程施工规范》中第4.2.1.1条和第4.2.6.5条规定。

整改前	整改后

ϕ60mm×4mm3PE防腐保温层集油管线工程焊口-026至焊口-062中间段防腐补口存在褶皱、翘边、烘烤不到位的情况。

不符合：SY/T 4204—2019《石油天然气建设工程施工质量验收规范 油气田集输管道工程》中第7.1.8条规定。

整改前	整改后

检查发现该管道防腐补口工序施工的聚乙烯粘胶带补口搭接宽度不足总带宽的50%~55%；对现场防腐补口焊缝除锈无溶剂环氧涂料涂敷工序未报检段进行抽检，发现焊缝未除锈、涂敷油漆未按设计要求使用无溶剂环氧涂料。

不符合：设计文件要求，SY/T 4204—2019《石油天然气建设工程施工质量验收规范 油气田集输管道工程》中第7.1.2条的要求：补口补伤处的泥土、铁锈等杂物应清除干净，钢管及焊缝表面除锈质量应符合设计要求，当设计无规定时，应符合相应防腐标准的规定。

整改前	整改后

1 管道防腐、保温及拉运、堆放和保存

整改前	整改后

现场防腐补口20余道焊口防腐内外带未区分,均使用内带进行防腐补口;现场对两道防腐补口处进行剥离,发现存在除锈不彻底、内带缠绕搭接不足的情况。

不符合:(1)SY/T 0414—2017《钢质管道聚烯烃胶粘带防腐层技术标准》中第3.0.1条规定;
(2)SY/T 0414—2017《钢质管道聚烯烃胶粘带防腐层技术标准》中第5.2.2条、第5.4.3条的相关规定。

整改前	整改后
	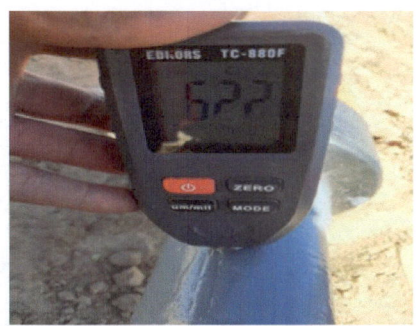

现场抽检管道防腐补口编号160—220焊口,防腐漆干膜厚度实测为88.6μm、187μm、39.4μm、60.1μm。

不符合:设计图纸腐21967/明中第3.0.3条规定(补口外防腐):补口处外壁喷砂除锈达Sa2.5级,按照SY/T 0407—2024《涂装前钢材表面处理规范》、GB/T 8923.1—2011《涂覆涂料前钢材表面处理 表面清洁度的目视评定 第1部分:未涂覆过的钢材表面和全面清除原有涂层后的钢材表面的锈蚀等级和处理等级》、GB 8923.3—2009《涂覆涂料前钢材表面处理 表面清洁度的目视评定 第3部分:焊缝、边缘和其他区域的表面缺陷的处理等级》执行。补口处采用聚乙烯热缩套(片)结构,即防腐层为涂敷无溶剂环氧涂料普通级,干膜厚度不小于400μm,聚氨酯保温层现场发泡,然后包敷辐射交联聚乙烯热收缩套。

整改前	整改后
	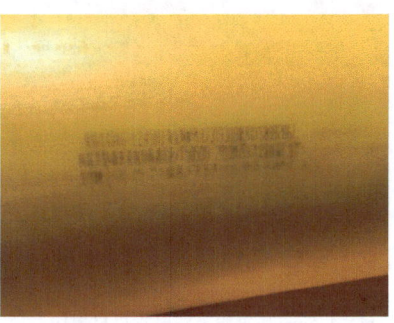

检查发现该管道进场的φ140mm×6mm聚氨酯塑料泡沫防腐保温管管端无标识。

不符合:GB/T 50538—2020《埋地钢质管道防腐保温层技术标准》中第9.3.3条规定。

整改前	整改后
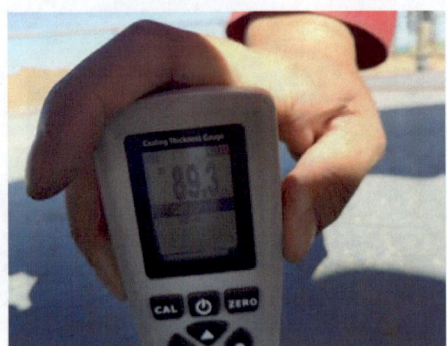	

300m³沉降除油罐底板外壁除锈采用手工除锈，防腐涂层厚度实测89μm、78μm、212μm、152μm。
不符合：设计文件中规定：除锈等级Sa2.5级，腐涂层总厚度不小于400μm。

整改前	整改后

管道防腐层多处划伤且未进行电火花检漏补伤直接下沟。
不符合：SY/T 0414—2017《钢质管道聚烯烃胶粘带防腐层技术标准》中第7.0.4条规定。

整改前	整改后
	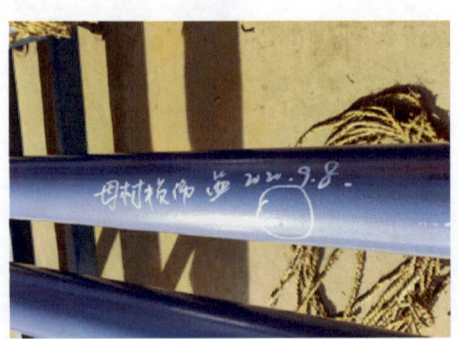

φ114mm×4.5mm环氧粉末防腐管母材损伤。
不符合：GB/T 9711—2023《石油天然气工业 管线输送系统用钢管》第9.10.7条规定：钢管表面缺陷的修补应符合制造商的书面规范，修补后应进行无损检测（如磁粉检测或渗透检测），检测结果应符合原管体的验收标准。

1 管道防腐、保温及拉运、堆放和保存

整改前	整改后

ϕ76mm×4.5mm-L245NN3PE防腐保温层管线(1支)保温层出现偏心。

不符合：GB/T 50538—2020《埋地钢质管道防腐保温层技术标准》中第6.2.4条规定：保温层厚度应符合设计要求，允许偏差为±5%，且应均匀包裹管体，无偏心现象。

整改前	整改后

注/供水管线母材防腐层损伤。

不符合：SY/T 4204—2019《石油天然气建设工程施工质量验收规范 油气田集输管道工程》中第4.2.1条规定：材料保管应按产品说明书的要求执行，应分类存放、标识明确。存放过程中不应出现锈蚀、变形、老化或性能下降等现象。

整改前	整改后

防腐保温管在运输过程中未采取有效的固定措施,导致保温层损伤。

不符合:GB/T 50538—2020《埋地钢质管道防腐保温层技术标准》中第10.0.5条规定。

整改前	整改后

管道防腐补口不合格,但已开始进行保温。

不符合:SY/T 4204—2019《石油天然气建设工程施工质量验收规范 油气田集输管道工程》中第7.2.1条规定:管道保温应在防腐合格后进行。

整改前	整改后
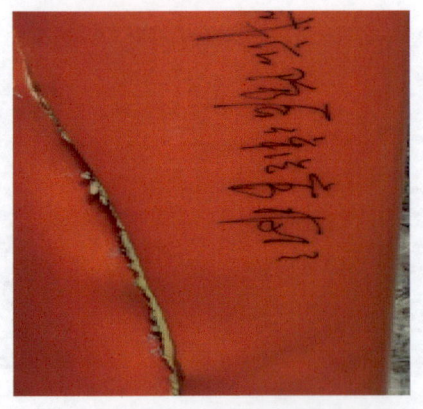	

防腐保温管在运输过程中未采取有效的固定措施,导致保温层损伤。

不符合:GB/T 50538—2020《埋地钢质管道防腐保温层技术标准》中第10.0.5条规定:防腐保温管成品在运输过程中应采取有效的固定措施,不应损伤防护层、保温层及防腐层结构,装卸过程中应轻拿轻放。

1 管道防腐、保温及拉运、堆放和保存

整改前	整改后

保冷管线保冷层施工时存在粘接不严密、拼缝处开裂的问题。
不符合：GB 50126—2008《工业设备及管道绝热工程施工规范》中第5.1.4条和第5.7.2条规定。

整改前	整改后

输油管道保温层施工表面皱褶、空鼓、烧焦碳化，热收缩套（带）溢胶不均匀，固定片未粘接牢固。
不符合：图纸CETC157 03 04 14/明中第3.0.2条规定；弯管保温层施工未按照图纸设计要求施工，不符合图纸腐23405/明中第3.0.1.3条规定。

整改前	整改后

外保温接头及弯管处，玻璃丝布缠绕松散搭接宽度不足，且喷漆不均匀，有漏喷现象。
不符合：SY/T 0447—2014《埋地钢质管道环氧煤沥青防腐层技术标准》中第5.3.3条及第5.5.1条规定。

整改前	整改后

焊口防腐刷漆施工中,现场使用的防腐漆为灰环氧酯底漆。

不符合:设计要求,焊口防腐刷漆施工使用的防腐漆为无溶剂环氧涂料漆。

整改前	整改后

现场检查联混烃厂立管出土管段未包缠铝箔胶带。

不符合:设计文件SPC-0301CC01中第4.4条规定:立管出土管段地面上下各200mm±20mm范围内,在原防腐层基础上再缠绕一层铝箔胶带(胶带厚度为1.0mm,搭接宽度不小于25mm),作耐紫外线处理。

整改前	整改后

$\phi 27mm \times 4mm$-L245N钢管除锈等级不符合规范。

不符合:GB/T 23257—2017《埋地钢质管道聚乙烯防腐层》中第7.1.a条规定:抛(喷)射除锈后的钢管应逐根进行表面除锈等级检验,用GB/T 8923.1—2011《涂覆涂料前钢材表面处理 表面清洁度的目视评定 第1部分:未涂覆过的钢材表面和全面清除原有涂层后的钢材表面的锈蚀等级和处理等级》中相应的照片或标准板进行目视比较,表面除锈质量应达到Sa2.5要求;表面锚纹深度应每班(不超过12h)至少测量2次,每次测量2根钢管,宜采用粗糙度测量仪或锚纹深度测试纸测量,锚纹深度应达到40~100μm;表面处理前的钢管表面温度应进行监测,钢管表面温度应不低于露点温度以上3℃。

整改前	整改后

水平管道保温金属保护层纵向接缝在管道正上方。

不符合：GB 50126—2008《工业设备及管道绝热工程施工规范》中第7.1.5条规定：水平管道金属保护层，其纵向接缝宜布置在水平中心线下方的15°～45°处，并应缝口朝下。当侧面或底部有障碍物时，纵向接缝可移至管道水平中心线上方60°以内。

整改前	整改后

防腐层表面缠绕破损。

不符合：SY/T 0414—2017《钢质管道聚烯烃胶粘带防腐层技术标准》中第7.0.2条规定：应对防腐层进行100%目测检查，防腐层表面应平整、搭接均匀、无气泡、无皱褶和破损。

整改前	整改后

站内储油罐外防腐表面误涂、漏涂；涂层不均匀。

不符合：SY/T 4202—2019《石油天然气建设工程施工质量验收规范　储罐工程》中第8.1.7条规定：表面不应误涂、漏涂，涂层不应脱皮和返锈等。涂层应均匀，无明显皱皮、流坠、针眼和气泡等。

整改前	整改后
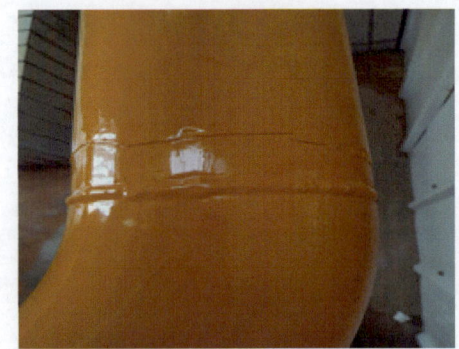	

站内工艺管网部分地上管线防腐层涂敷不均匀、外观存在漏涂、褶皱等缺陷。出入地面段管线防腐层（铝箔胶带）出地坪以上不足200mm，铝箔胶带表面被油漆污染严重。

不符合：（1）设计文件腐-28852中第5.1.4.2条规定：防腐层涂敷应均匀、无漏涂、无气泡、无流坠等缺陷。

（2）SY/T 7036—2016《石油天然气站场管道及设备外防腐层技术规范》中第4.3.4条规定：1. 外观检测：所有涂层表面应平整、光滑，不应有流挂、漏涂、鼓泡、发黏等缺陷。

整改前	整改后

1处防腐补口发泡的聚氨酯泡沫存在发酥缺陷。

不符合：GB/T 50538—2020《埋地钢质管道防腐保温层技术标准》中第9.5.4.2条规定：保温层补口质量应目视检查现场浇注的聚氨酯泡沫保温层外观质量，应无空洞、发酥、软缩、泡孔不均、烧芯等缺陷。

整改前	整改后
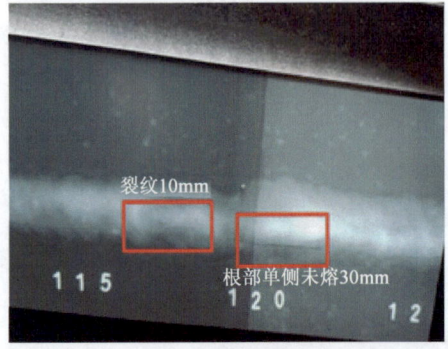	

焊口RT检测底片影像反映出裂纹10mm（1175~1185mm）特征，检测评定不合格。原因分析：焊接质量管理人员履职欠缺，且未考虑到沟下施焊湿度及冬期温度差异，未采取焊前除湿、干燥、焊后缓冷处理。

不符合：SY/T 4109—2020《石油天然气钢质管道无损检测》中第4.18.1条规定：对接接头内的缺欠可分为圆形缺欠、条形缺欠、裂纹、未熔合、未焊透、内凹、咬边、烧穿。

整改前	整改后

现场对保温完成的热收缩套在常温下做剥离试验,其剥离强度小于50N/cm²。

不符合:GB/T 50538—2020《埋地钢质管道防腐保温层技术标准》中第9.5.5条第1.3项规定:防护层补口应抽检搭接部位的剥离强度,抽检比例为1%,检测方法及性能要求应符合现行国家标准GB/T 23257—2017《埋地钢质管道聚乙烯防腐层》中附录J的规定进行剥离强度检测,常温剥离强度不应小于50N/cm,并应呈现内聚破坏性能。

整改前	整改后
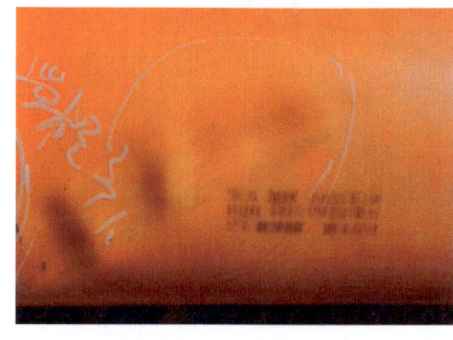	

多处3PE防腐保温层保护层损伤。

不符合:GB 50819—2013《油气田集输管道施工规范》中第4.7.7条规定:保温管堆放时不应损伤保温层。

整改前	整改后
	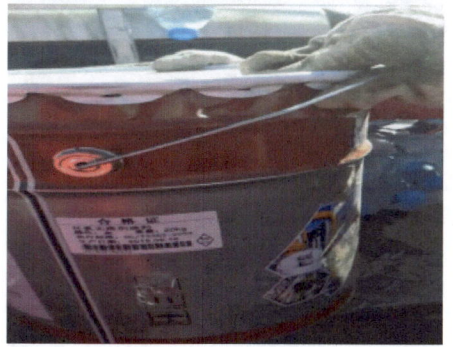

现场管线防腐补口使用环氧煤防腐沥青漆。

不符合:设计图纸要求:管道外防腐涂覆无溶剂环氧涂料。

整改前	整改后
	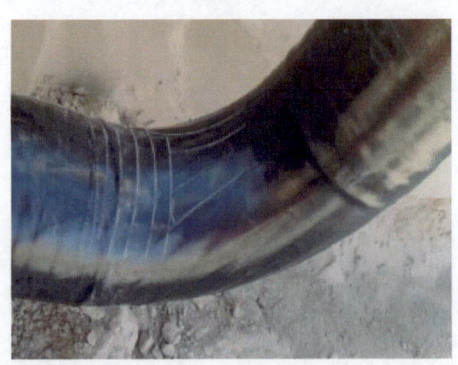

进站截断区埋地管线弯头处聚乙烯粘胶带补口防腐层存在空鼓、皱褶等缺陷。
不符合：SY/T 0414—2017《钢质管道聚烯烃胶粘带防腐层技术标准》中第7.0.2条规定。

整改前	整改后
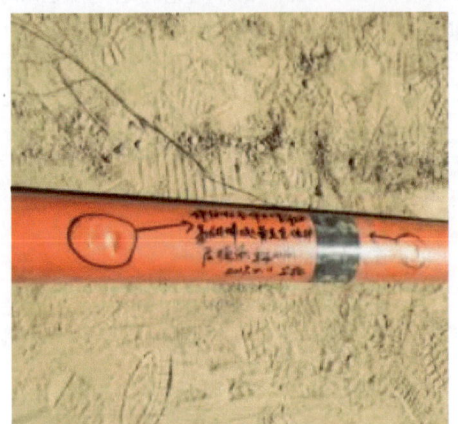	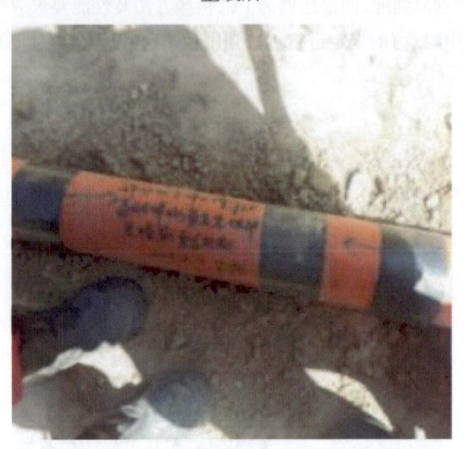

集油管线焊口处3PE防腐保温层保护层损伤。
不符合：GB/T 50538—2020《埋地钢质管道防腐保温层技术标准》中第7.0.6条规定。

整改前	整改后

集气管线焊口处环氧粉末防腐层损坏。
不符合：SY/T 0315—2013《钢质管道熔结环氧粉末外涂层技术规范》中第9.3条规定。

1 管道防腐、保温及拉运、堆放和保存

整改前	整改后

注水管线防腐涂刷使用无溶剂环氧涂料。

不符合:设计图纸防腐保温部分腐-15057/明中规定:使用防腐专用底漆。

整改前	整改后

埋地防腐管设计要求涂层厚度为400μm,实测仅为200~260μm,且埋地管防腐胶粘带扭曲皱褶。

不符合:(1)设计图纸腐-15587/明中第3.2.2条规定。

(2)SY/T 0414—2017《钢质管道聚烯烃胶粘带防腐层技术标准》中第5.4.3条规定:缠绕时胶粘带搭接缝应平行,不应扭曲褶皱,带端应压贴,不翘起。

整改前	整改后

现场抽查4支规格为φ60mm×4mm的环氧粉末防腐管材,涂层厚度实测230μm、243μm、226μm、251μm。

不符合:设计图纸腐-19231/明中第3.1.1条规定:管道外防腐采用环氧粉末普通级结构,干膜总厚度不小于300μm。

整改前	整改后

现场抽查23支规格为 ϕ60mm×4mm环氧粉末防腐管材,防腐层表面涂层存在划伤、脱漏的情况。
不符合:SY/T 0315—2013《钢质管道熔结环氧粉末外涂层技术规范》中第7.4.4条规定:应逐根进行目测检查,外观应平整、色泽均匀、无气泡、无开裂及缩孔,允许有轻度橘皮状花纹。

整改前	整改后

进场的岩棉管壳质量差,现场实测厚度为38mm、35mm、40mm、42mm、40mm。
不符合:图纸腐-2009/明中规定:保温层采用50mm厚岩棉管壳。

整改前	整改后

1 管道防腐、保温及拉运、堆放和保存

整改前	整改后
	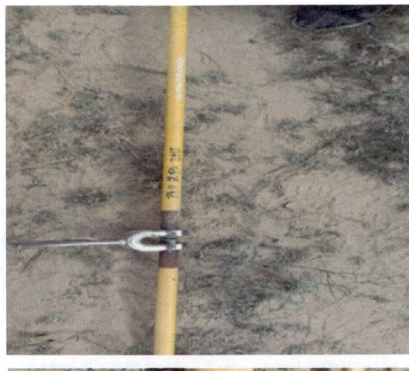

(1)到场环氧粉末防腐管保护不到位,多处存在擦伤、划伤现象,过路段未采取保护措施造成车辆碾压(已焊接连通,后续无法加设保护套管)。
(2)多次要求现场焊接机组配置并使用对口器未果,导致现场十余道注醇焊口组对倾斜。
(3)防腐补口材料未报验,现场擅自使用。
(4)现场防腐补口完成400m,现场抽查发现存在空鼓、翘边、皱褶、搭接长度不足、底漆涂刷不到位、无内(外)带、缠绕方式错误等现象。
不符合:(1)GB 50819—2013《油气田集输管道施工规范》中第4.7.6条规定。
(2)GB 50819—2013中第8.3.7条规定。
(3)SY/T 4200—2007《石油天然气建设工程施工质量验收规范 通则》中第4.2条规定。
(4)SY/T 0414—2017《钢质管道聚烯烃胶粘带防腐层技术标准》中第4.2条及第5.4条规定。

1.2 管道拉运、堆放和保存

整改前	整改后
	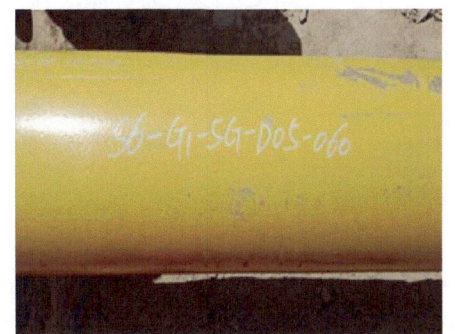

整改前	整改后

(1)进场防腐管(φ219mm×6mm)未进行进场材料验收,在管线拉运过程中防腐层有多处损伤。
(2)堆管场地堆放的环氧粉末防腐管距地面距离小于50mm,底层防腐管未固定。
不符合:(1)《建设工程质量管理条例》中第二十九条规定:施工单位必须按照工程设计要求、施工技术标准和合同约定,对建筑材料、建筑构配件、设备和商品混凝土进行检验,检验应当有书面记录和专人签字;未经检验或者检验不合格的,不得使用。
(2)GB 50819—2013《油气田集输管道施工规范》中第4.6.1条及第7.1.1条规定。
(3)GB 50819—2013中第4.7.6条规定:管子距地面的距离应大于50mm,底层的防腐管应固定。

整改前	整改后

未对防腐管段进行妥善保护,致使底漆多处损伤,且未及时修补。
不符合:GB 50540—2009《石油天然气站内工艺管道工程施工规范(2012年版)》中第10.2.2条规定。

整改前	整改后

已焊制完成的半成品管段随意堆放在沙土中,管段两端未按要求严格进行封堵。
不符合:GB 50540—2009《石油天然气站内工艺管道工程施工规范(2012年版)》中第4.3.2条规定。

1 管道防腐、保温及拉运、堆放和保存

整改前	整改后

营地管材堆放点,多数防腐管材长时间堆放未进行苫盖,环氧粉末层长期在空气中暴露。
不符合:SY/T 0315—2013《钢质管道熔结环氧粉末外涂层技术规范》中第9.2条规定。

整改前	整改后

进场环氧粉末管材及聚氨酯塑料泡沫防腐保温管材现场堆放未分层堆放,未设置管托,每层防腐管之间未垫放软垫,聚氨酯塑料泡沫防腐保温管材堆放损伤保温层。

不符合:(1)GB 50819—2013《油气田集输管道施工规范》中第4.7.6条规定:防腐管应同向分层码垛堆放,堆放高度应保证管子不失稳变形、不损坏防腐层。不同规格、材质的防腐管应分开堆放。每层防腐管之间应垫放软垫,最底层的管子下宜铺垫。管子距地面的距离应大于50mm,底层的防腐管应固定。

(2)GB 50819—2013中第4.7.7条规定:保温管堆放时不应损伤保温层。

整改前	整改后

机组未在管道组对前清除管内泥土、石块等杂物,现场无清管器。

不符合:GB 50819—2013《油气田集输管道施工规范》中第8.3.1条规定:管道组对前清除钢管内的积水、泥土、石块等杂物。应将管端内外20mm范围内的油污,铁锈等清除,直至露出金属光泽。

整改前	整改后

管道组对前未按要求规定清除钢管内的积水、泥土与石块等杂物,预留焊口未及时封堵。

不符合:GB 50819—2013《油气田集输管道施工规范》中第8.3.10条规定:当管道安装工作有间断时,应将组焊完毕的管道端口临时封堵。

整改前	整改后

进场管材未分类堆放,未垫高200mm以上堆放,未设标识。

不符合:(1)GB 50540—2009《石油天然气站内工艺管道工程施工规范(2012年版)》中第4.3.1条规定:对已验收的钢管应分规格和材质分层同向码垛,分开堆放,堆放高度应保证钢管不失稳变形,且最高不应超过3m。底层钢管应垫软质材料,并加防滑楔子。垫起高度为200mm以上。

(2)GB 50540—2009中第4.3.2条规定:管道组成件及管道支撑件在施工过程中应妥善保管,不得混淆或损坏,其色标或标记应明显清晰。材质为不锈钢、有色金属的管道组成件及管道支撑件,在储存期间不得与碳素钢接触。暂时不能安装的管道,应封闭管口。

1 管道防腐、保温及拉运、堆放和保存

整改前　　　　　　　　　　　　　整改后

进场的管材成品保护不到位,未分类存放。

不符合:GB 50540—2009《石油天然气站内工艺管道工程施工规范(2012年版)》中第4.3.1条规定:对已验收的钢管应分规格和材质分层同向码垛,分开堆放,堆放高度应保证钢管不失稳变形,且最高不应超过3m。底层钢管应垫软质材料,并加防滑楔子,垫起高度为200mm以上。

整改前　　　　　　　　　　　　　整改后

现场检查发现管材堆放混乱,堆管点防腐管与地面直接接触,未同向分层堆放,且防腐管之间未垫放软质材料。

不符合:SY/T 4204—2019《石油天然气建设工程施工质量验收规范　油气田集输管道工程》中第4.2.3条规定:防腐管应同向分层堆放,每层防腐管之间应垫放软质材料,且应有防垮塌措施。

整改前　　　　　　　　　　　　　整改后

管材堆放区生产日期为2022.10.6,生产编号为0235、0230的两根防腐管的管体存在凹陷缺陷。

不符合:(1)GB 50819—2013《油气田集输管道施工规范》中第4.2.1条规定:钢管在使用前应进行外观检查,其表面应无裂纹、夹杂、折叠、重皮、电弧烧痕、变形或压扁等缺陷。

(2)GB 50424—2015《油气输送管道穿越工程施工规范》中第8.1.3条规定。

整改前	整改后
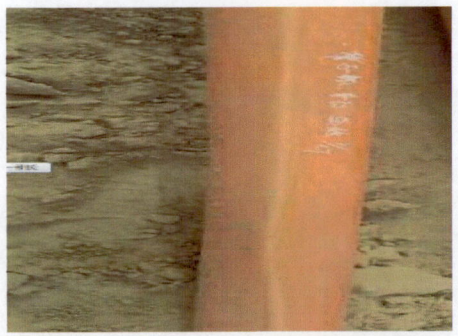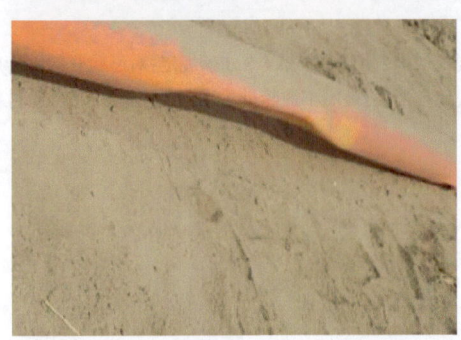	

3PE防腐保温层管材管体80%压损、变形。

不符合:SY/T 4204—2019《石油天然气建设工程施工质量验收规范 油气田集输管道工程》中第4.3.1条规定:进场时应进行外观检查,不得有裂纹、重皮、严重锈蚀、变形等缺陷。

整改前	整改后

G32-03、G32-03C1单井管线进场材料堆放混乱。

不符合:GB 50819—2013《油气田集输管道施工规范》中第4.7.6条规定:防腐管应同向分层码垛堆放,堆放高度应保证管子不失稳变形、不损害防腐层。不同规格、材质的防腐管应分开堆放每层防腐管之间应垫放软垫,最低层管子下宜铺垫。管子距地面距离应大于50mm底层的防腐管应固定。

1 管道防腐、保温及拉运、堆放和保存

整改前	整改后
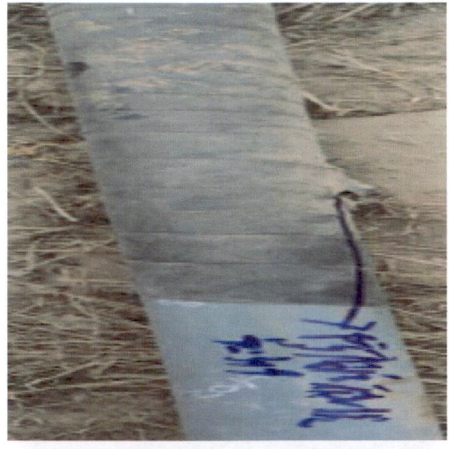	
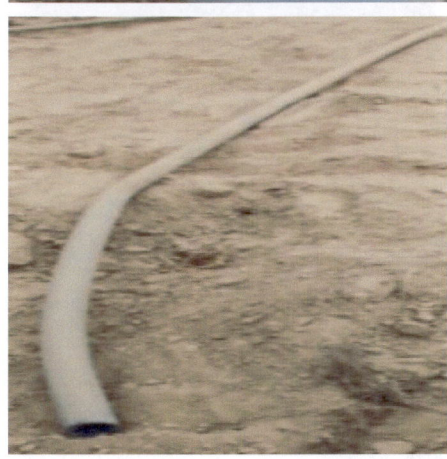	

配水间注水管线完成防腐补口,现场成品保护意识差,造成5根管材(ϕ60mm×4mm)压扁变形,8道焊口防腐补口防腐层破损。

不符合:SY/T 4204—2019《石油天然气建设工程施工质量验收规范 油气田集输管道工程》中第4.2.1条规定:存放过程中不应该出现锈蚀、变形、老化或性能下降等现象。

整改前	整改后

回压橇系统改造工程现场检查站内环氧粉末管线使用防腐漆进行涂刷,周围未做防护,且表面涂刷前未清理管体,且已涂刷完管线表面不光滑、不均匀。

不符合:SY/T 4204—2019《石油天然气建设工程施工质量验收规范 油气田集输管道工程》中第7.1.5条规定:防腐层应涂覆均匀、无漏涂,表面平整光滑,无气泡、皱褶等缺陷。

整改前	整改后

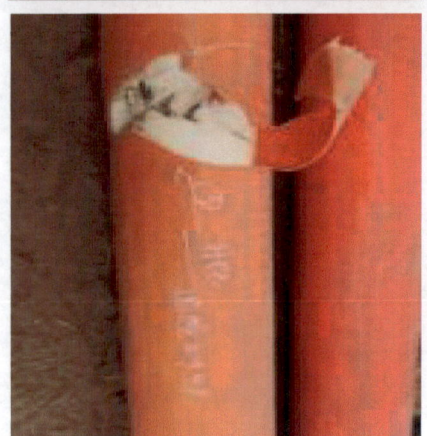	

(1)成品保护差,3PE防腐保温层防腐保温管,聚乙烯保护层多处损伤。
(2)无三检制记录。
(3)现场无管理人员,无班前安全讲话。
(4)施工现场无交通要道施工安全警示标识。
不符合:(1)GB 50819—2013《油气田集输管道施工规范》中第四章规定。
(2)SY/T 6444—2018《石油工程建设施工安全规范》中第5.1.2条、第5.1.3条规定。

整改前	整改后

在运管、吊管、卸管等过程中,保护措施不到位,造成环氧粉末管材涂层多处损伤、划伤。
不符合:GB 50819—2013《油气田集输管道施工规范》中第7.1.1条规定。

整改前	整改后

集气站扩建工程施工现场不锈钢与碳素钢混放。

不符合:GB 50540—2009《石油天然气站内工艺管道工程施工规范(2012年版)》中第4.3.2条规定。

2　布管

　　本章涉及布管作业的技术要求和操作流程,包括管道布设的合理性、热煨弯管的使用规范、弹性敷设的标准等。布管作业是管道施工的关键环节,其合理性直接影响到管道的安全性和稳定性。本章的意义在于指导施工人员正确进行布管作业,避免布管不当导致的管道变形、损坏等问题,确保管道系统的整体质量。

整改前	整改后

热煨弯管切割使用。

不符合:GB 50819—2013《油气田集输管道施工规范》中第8.1.1条规定:热煨弯管生产应按照现行国家标准SY/T 5257—2012《油气输送用钢制感应加热弯管》的规定进行,弯管两端应保持直管段。对弯管进行切割后无法满足产品标准要求,且切割后的热煨弯管的变形导致组对超标较为普遍。调研表明,国内各油气田管道建设施工中已基本禁止对热煨弯管进行切割使用。为保证管件质量,杜绝质量隐患,针对输送石油天然气介质的管道组焊,特做此强制性规定。

整改前	整改后

弹性敷设超标。

不符合:GB 50819—2013《油气田集输管道施工规范》中第8.3.2条规定:管道转角应符合设计要求。当设计无规定,且管道转角不大于3°时,宜采用弹性敷设;转角大于3°时,应采用弯头(管)连接。

整改前	整改后

输油管线现场焊接173道焊口,未向监理报验,部分焊口处强行敷设,未使用弯头。
不符合:GB 50819—2013《油气田集输管道施工规范》中第8.2.1条和第8.3.2条规定。

整改前	整改后

现场检查中间段,未设热煨弯管进行过渡连接。
不符合:GB 50819—2013《油气田集输管道施工规范》中第8.3.2条规定。

整改前	整改后

集气管线焊口处临时断口未有效封堵。
不符合:GB 50819—2013《油气田集输管道施工规范》中第8.3.10条规定。

整改前	整改后

现场检查发现外输管线工程管线走向角度过大,现场未添加弯头,强制弹性敷设。
不符合:GB 50819—2013《油气田集输管道施工规范》中第8.3.2条规定。

整改前	整改后

集油、注水管线几处弹性敷设角度大于3°,未加设弯头。
不符合:GB 50819—2013《油气田集输管道施工规范》中第8.3.2条规定:转角大于3°时应采用弯头连接。

2 布管

整改前	整改后

集油、注水管线工程焊接完成后管端封口采用塑料瓶。
不符合:施工组织设计中的规定。

整改前	整改后

管道安装组对完毕后管端未及时封堵;焊口0点位错边量实测1.0mm。
不符合:GB 50819—2013《油气田集输管道施工规范》中第8.3.10条和SY/T 4204—2019《石油天然气建设工程施工质量验收规范 油气田集输管道工程》中第6.1.21条规定。

3 管道焊接、检测及补口补伤

本章涉及管道焊接的工艺要求、无损检测方法以及补口补伤的技术标准。焊接质量是管道安全运行的核心,而无损检测和补口补伤则是保证焊接质量的重要手段。本章的目的在于规范焊接作业流程,提高焊接质量,并通过严格的检测和修补措施,确保管道焊接接头的可靠性和耐久性。

3.1 管口、坡口清理与加工

整改前 整改后

集输区块管线预制管段坡口存在熔渣、不平整、毛刺、凹坑现象。
不符合:GB 50540—2009《石油天然气站内工艺管道工程施工规范(2012年版)》中第5.1.3条规定:钢管切口质量应符合下列要求:切口应表面平整、无裂纹、重皮、毛刺、凹坑、缩口、熔渣、氧化物等。

整改前 整改后

坡口表面存在缺陷,管端坡口加工后管口不平齐,其平整度偏差超标。
不符合:GB 50819—2013《油气田集输管道施工规范》中第8.2.1.1条规定:切口表面应平整,不得有裂纹、重皮、凹凸、熔渣、毛刺、氧化铁等。

整改前	整改后
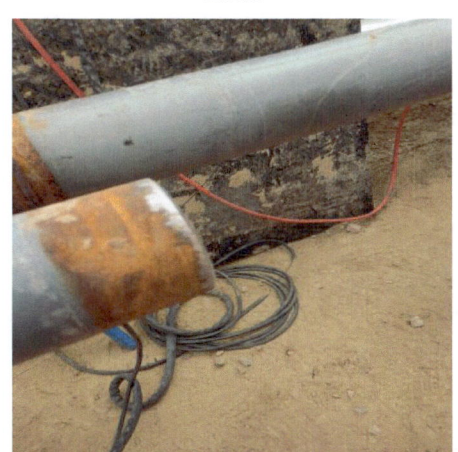	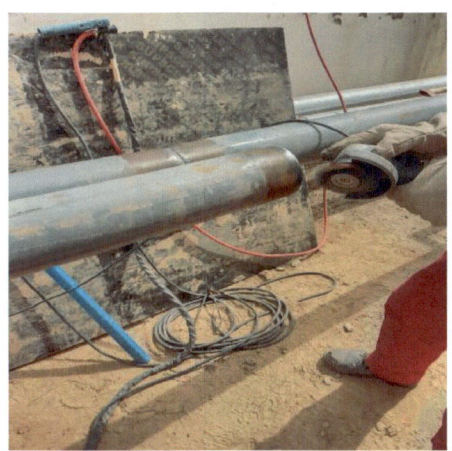

焊件组对前未将坡口及其内外侧表面不小于10mm范围内的油、漆、垢、锈、毛刺及镀锌层等清除干净。
不符合:GB 50819—2013《油气田集输管道施工规范》中第8.2.1.1条规定:切口表面应平整,不得有裂纹、重皮、凹凸、熔渣、毛刺、氧化铁等。

整改前	整改后

检查发现多道焊口焊接组对前,坡口表面除锈不干净。
不符合:SY/T 4204—2019《石油天然气建设工程施工质量验收规范 油气集输管道工程》中第5.2.1条规定:管道组对前应清除钢管内的积水、泥土与石块等杂物。将管端内外20mm范围内的油污、泥水清除,并打磨露出金属光泽。

整改前	整改后

预制完毕管道预制件端口存在泥土未清理且未及时封闭管口的现象。
不符合:GB 50540—2009《石油天然气站内工艺管道工程施工规范(2012年版)》中第5.3.7条规定:预制完毕的管道单元预制件,应将内部清理干净,并应及时封闭管口。

整改前	整改后

临时输油点管道焊口位置均未除锈。

不符合:GB 50540—2009《石油天然气站内工艺管道工程施工规范(2012年版)》中第7.3.2条规定:组对前应将坡口及内外侧表面不小于10mm范围内锈、漆等清除干净。

整改前	整改后

抽查15支规格为 $\phi 60mm \times 4mm$ 环氧粉末防腐管材发现,表面呈现橘皮状、局部麻点,其中3支管口残缺。

不符合:SY/T 0315—2013《钢质管道熔结环氧粉末外涂层技术规范》中第7.4.7条规定:外观应平整、色泽均匀、无气泡、无开裂及缩孔,允许有轻度橘皮状花纹。

3.2 管口组对

整改前	整改后

整改前	整改后
	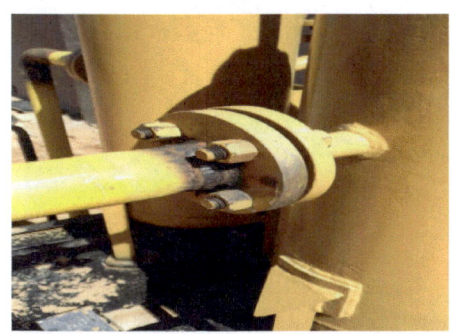

污水罐进口管线法兰与污水罐(玻璃钢)本体自带的法兰(DN50mm)(外径和厚度)不匹配,燃气缓冲减压器(橇)垫铁组(2组)与基础表面接触悬空,进出口DN50mm管线法兰口2道为全氩弧焊接。
不符合:设计文件、SY/T 4201.3—2019《石油天然气建设工程施工质量验收规范 设备安装工程 第3部分:容器类》中第4.1.12条规定及焊接工艺规程的规定。

整改前	整改后

检查现场正在预制的流程,发现弯头、三通材料未进行安全报审已安装完成,且弯头、三通上无任何标识。
不符合:GB 50540—2009《石油天然气站内工艺管道工程施工规范(2012年版)》中第4.1.2条规定。

3.3 管道焊接

整改前	整改后

现场检查时发现多道焊缝存在咬边超标、焊缝宽度每侧未超出坡口1～2mm的现象。
不符合:GB 50819—2013《油气田集输管道施工规范》中第9.5.1条规定:每道焊缝完成后,应进行外观质量检验,咬边不大于管壁厚的12.5%,且不应超过0.5mm;焊缝宽度每侧超出坡口1～2mm。

整改前	整改后

现场焊接施工未见书面安全、技术交底记录,且未履行签字备案手续;现场焊接施工"三检制"(自检、互检、交接检记录)落实不到位,多次口头通知无效;现场焊接过程中焊口出现V形口。

不符合:《中国石油天然气集团公司工程建设项目质量管理规定》中第三十五条规定、《中国石油天然气集团公司工程建设项目质量管理规定》中第三十五条规定、SY/T 4204—2019《石油天然气建设工程施工质量验收规范 油气田集输管道工程》中第5.1.8条规定。

整改前	整改后

(1)焊口3~9点位局部存在不同程度的低于母材现象,该机组质检员未及时发现指正,现场焊口检查数据不实。
(2)Ⅳ标段Q303-Q304桩多出母材(3PE防腐层)在运管、布管过程中划伤防腐层的现象。
不符合:(1)GB 50819—2013《油气田集输管道施工规范》中第9.5.1条第三款规定。
(2)GB 50819—2013中第7.1.1条规定。

整改前	整改后

现场未查到焊接作业指导书,组焊前坡口两侧打磨清理的宽度不足,组对未使用对口器,现场焊口打底后未及时填充、盖面,而是隔夜才进行施工。

不符合:(1)GB 50819—2013《油气田集输管道施工规范》中第9.2.1条规定:焊工应按焊接工艺规程进行施焊。
(2)GB 50819—2013中第8.3.1条规定:应将管端内外20mm范围内的油污、铁锈等清除,直至露出金属光泽。
(3)GB 50819—2013中第8.3.7条规定:管道组对应采用对口器。
(4)SY/T 4204—2019《石油天然气建设工程施工质量验收规范 油气田集输管道工程》中第5.2条规定。

整改前	整改后

现场检查发现焊缝存在折口现象,外观成型差,咬边严重(实测为0.75mm、0.70mm、0.80mm)。
不符合:GB 50819—2013《油气田集输管道施工规范》中第8.3.8条和第9.5.1.4条规定。

整改前	整改后

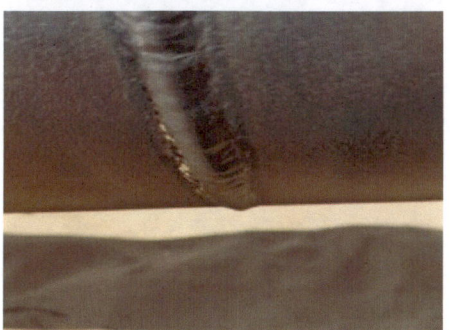	

(1)焊接作业过程中存在母材损伤,且连续长度达到200mm。
(2)管线焊接存在连续咬边,咬边长度60mm。
不符合:SY/T 4204—2019《石油天然气建设工程施工质量验收规范 油气田集输管道工程》中第6.1.20条及第6.1.18条规定。

整改前	整改后
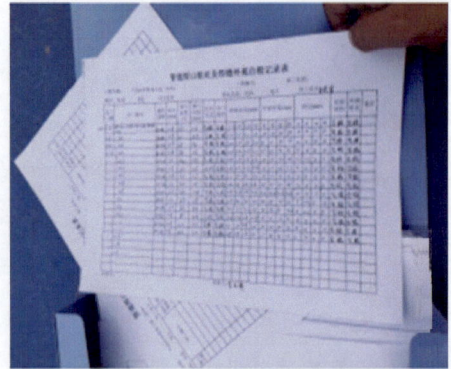	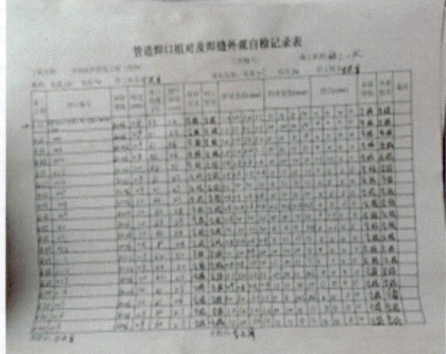

整改前	整改后

(1)质检员履职不到位,自检记录填写不全。
(2)多次要求现场焊接机组配置并使用对口器未果,焊口多道注醇焊口为折口。
(3)焊口焊缝低于母材。
(4)焊口余高超标(现场实测均大于3mm),且与所报自检记录不符。
(5)到场防腐管保护不到位,过路段未采取保护措施,车辆随意碾压。
不符合:(1)《中国石油天然气集团公司工程建设项目质量管理规定》。
(2)GB 50819—2013《油气田集输管道施工规范》中第8.3.7条规定。
(3)GB 50819—2013中第9.5.1条规定。
(4)GB 50819—2013中第9.5.1条规定。
(5)GB 50819—2013中第4.7.6条规定。

整改前	整改后

井口预制管件相邻两焊缝间距小于100mm。
不符合:GB 50819—2013《油气田集输管道施工规范》中第8.3.4条规定。

整改前	整改后

现场管材组对焊接,多道焊口均存在组对水平度超标V形口。

不符合:GB 50235—2010《工业金属管道工程施工规范》中第7.3.10条规定:管子对口时应距管口中心200mm处测量平直度,当管子公称尺寸小于100mm时允许偏差为1mm,当管子公称尺寸大于100mm时允许偏差为2mm且全长允许偏差为10mm。

整改前	整改后

现场组对焊接完成焊缝外观成型较差,焊道3点位置、焊道底部6—9点位置多处焊缝均存在过窄缺陷,实测焊宽为5~6mm。多道焊缝存在咬边缺陷,实测咬边最深值为1.1~1.2mm,咬边连续长度80mm,间接长度160mm。

不符合:(1)GB 50819—2013《油气田集输管道施工规范》中第9.5条第2款规定:焊缝宽度每侧应超出坡口1.0~2.0mm。
(2)GB 50819—2013中第9.5条第4款规定:咬边深度不应大于管壁厚的12.5%,且不应超过0.5mm。在焊缝任何300mm连续长度中,累计咬边长度不得大于50mm。

整改前	整改后

现场检查焊缝咬边深度超标。

不符合:SY/T 4204—2019《石油天然气建设工程施工质量验收规范 油气田集输管道工程》中第6.1.18条规定:咬边深度不应大于管道壁厚的12.5%,且不应超过0.5mm。在焊缝任何300mm的连续长度中,累计咬边长度不应大于50mm。

整改前	整改后
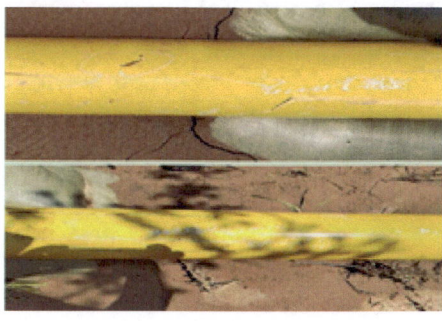	

焊口母材损伤深度为2mm。
不符合:GB/T 9711—2023《石油天然气工业 管线输送系统用钢管》中第5.1条规定:须割除后重新组对焊接。

整改前	整改后

焊口根焊焊接完成后与填充焊间隔大于10分钟,且焊缝表面存在锈蚀。
不符合:WPS-2022018(XL)《焊接工艺规程》工艺要求:根焊与填充焊间隔不大于10min。

整改前	整改后

现场实测一道焊口3点位错边量为2.0mm,一道焊口0点位错边量为3.1mm。
不符合:SY/T 4204—2019《石油天然气建设工程施工质量验收规范 油气田集输管道工程》中第5.2.7-1条规定:当管道壁厚不大于5mm时,对口错边量不应大于0.5mm。

整改前	整改后

集油管线多道焊口外观成型差,6点位、9点位连续咬边长度超标。

不符合:SY/T 4204—2019《石油天然气建设工程施工质量验收规范 油气田集输管道工程》中第6.1.18条规定:咬边深度不应大于管道壁厚的12.5%,且不应超过0.5mm。在焊缝任何300mm的连续长度中,累计咬边长度不应大于50mm。

整改前	整改后

焊口0点位焊缝收弧位置低于母材。

不符合:SY/T 4204—2019《石油天然气建设工程施工质量验收规范 油气田集输管道工程》中第6.1.20条规定:焊缝表面不应低于母材。

整改前	整改后

环氧粉末集气管线工程焊口存在斜口组对焊接。

不符合:GB 50819—2013《油气田集输管道施工规范》中第8.2.1条规定:管口端面倾斜度不应大于钢管外径的1.00%,且不得大于3mm。

整改前	整改后

现场检查焊口焊缝余高低于母材。

不符合:SY/T 4204—2019《石油天然气建设工程施工质量验收规范 油气田集输管道工程》中第6.1.20条规定:焊缝余高:焊缝表面不应低于母材。当采用上向焊时,焊缝余高不应超过3mm,当采用下向焊时,余高不应超过2mm,局部不应超过3mm,连续长度不应大于50mm,余高超过3mm时,应进行打磨,打磨后应与母材圆滑过渡,但不应伤及母材。

整改前	整改后

焊口转弯处未按要求加设弯头,强行弹力敷设。

不符合:GB 50819—2013《油气田集输管道施工规范》中第8.3.2条规定:转角大于3°时应采用弯头连接。

整改前	整改后

实测焊口错边量为1.75mm。

不符合:SY/T 4204—2019《石油天然气建设工程施工质量验收规范 油气田集输管道工程》中第6.1.21条规定:焊口错边量:当管道壁厚小于或等于5mm时,不应大于0.5mm;当管道壁厚大于5mm且不大于16mm时,不应大于壁厚的10%。

整改前	整改后

现场使用焊条未按要求进行烘烤。

不符合：SY/T 4204—2019《石油天然气建设工程施工质量验收规范 油气田集输管道工程》中第6.1.3.2条规定：焊条使用前应按产品说明书进行烘干。焊条应置于保温桶内，随用随取。当天未用完的焊条应收回，重新烘干后使用，但重新烘干次数不应超过两次。

整改前	整改后

现场使用的焊条未烘烤，使用的焊条保温桶不具备保温效果。

不符合：SY/T 4204—2019《石油天然气建设工程施工质量验收规范 油气田集输管道工程》中第6.1.3.2条规定：焊条使用前应按产品说明书进行烘干。焊条应置于保温桶内，随用随取。当天未用完的焊条应收回，重新烘干后使用，但重新烘干次数不应超过两次。

整改前	整改后

采气管线两道口焊接采用全氩弧焊接。

不符合：焊接工艺规程规定：氩弧焊打底，手工电弧焊填充、盖面。

整改前	整改后

脱水站集油管线60mm×4mm3PE防腐保温层焊口组对平直度大于2mm。
不符合:SY/T 4122—2020《油田注水工程施工技术规范》中第5.3.5条规定:管子对口时应使用钢板尺在距接口中心200mm处测量平直度;当管子公称直径小于100mm时,允许偏差应为1mm。

整改前	整改后

焊口处母材有划痕,实测划痕深度为0.2mm,长度为25mm。
不符合:GB 50819—2013《油气田集输管道施工规范》中第4.1.4条规定。

整改前	整改后

焊口0点位至3点位焊缝余高低于母材,实测为-0.20mm。
不符合:GB 50819—2013《油气田集输管道施工规范》中第9.5.1条规定。

整改前	整改后

现场检焊缝9点位局部余高超标,实测为3.2mm。

不符合:GB 50819—2013《油气田集输管道施工规范》中第9.5.1条规定。

整改前	整改后

集气站站外管线支线(ϕ89mm×9mm L245N)施工现场巡查发现焊口现场实测错边量为2.52mm、1.58mm。

不符合:SY/T 4204—2019《石油天然气建设工程施工质量验收规范 油气田集输管道工程》中第5.2.7条规定:对口错边量应符合下列规定:当管道壁厚小于或等于5mm时,对口错边量不应大于0.5mm。当管道壁厚大于5mm且不大于16mm时,对口错边量不应大于壁厚的10%。管道壁厚大于16mm时,对口错边量不应大于壁厚的10%,且不应大于2mm,局部错边量不应大于3mm,错边应沿圆周均匀分布。

整改前	整改后

外输管线(ϕ89mm×4.5mm)工程现场1道焊口平直度大于3mm。

不符合:GB 50236—2011《现场设备、工业管道焊接工程施工规范》中第6.3.6条规定:焊件的错边量(对口偏差)不应超过壁厚的10%,且不得超过1mm。

整改前	整改后

焊接作业过程中存在母材损伤,且连续长度到达200mm。

不符合:SY/T 4204—2019《石油天然气建设工程施工质量验收规范 油气田集输管道工程》中第5.2.2条规定:管材表面不得有裂纹、折叠、重皮、机械损伤等缺陷。局部损伤的深度不应超过公称壁厚的10%,且不应大于1mm。超出时应进行修磨或更换。

3.4 管道焊口编号

整改前	整改后

焊口未编号,焊缝表面焊渣及飞溅未清理。

不符合:GB 50819—2013《油气田集输管道施工规范》中第9.1.5条、第9.5.1条规定。

整改前	整改后

现场组对焊接完成后未及时进行焊口编号。

不符合:GB 50819—2013《油气田集输管道施工规范》中第9.1.5条规定:焊口应有标识,且应具有可追溯性。

整改前	整改后

焊口未编写焊口标识,一条管道整体未编写焊口标识,弯管焊口标识错误,与直口未区分。

不符合:SY/T 4204—2019《石油天然气建设工程施工质量验收规范 油气田集输管道工程》中第5.3.9条规定:每道焊口完成后,应在管道线路桩号递增方向的焊口下游进行标识。标识应清晰、牢固,并具有可追溯性,内容应包括焊口编号、焊接日期及焊工代号。

整改前	整改后

现场检查的过程中发现,施工单位在焊口焊接完成后未及时编写焊口编号。

不符合:SY/T 4204—2019《石油天然气建设工程施工质量验收规范 油气田集输管道工程》中第6.1.9条规定:每道焊口完成后,应在线路桩号增加方向焊口下游进行 焊口标识,标识应具有可追溯性。

3.5 无损检测、电火花检测

整改前	整改后

对管道工程防腐补口及补伤施工进行检查,存在全线管道贴地的问题,导致底部电火花检漏未做。

不符合:SY/T 0414—2017《钢质管道聚烯烃胶粘带防腐层技术标准》中第8.0.2条规定:防腐管下沟前应进行100%电火花检漏。

整改前	整改后

外输管线工程现场检查发现桁跨上管线焊口焊接前未进行除锈,焊接完未进行无损检测。

不符合:(1)GB 50819—2013《油气田集输管道施工规范》中第8.2.1.1条规定:切口表面应平整,不得有裂纹、重皮、凹凸、熔渣、毛刺、氧化铁等。

(2)GB 50819—2013中第8.3.1条规定:应将管端内外20mm范围内的油污、铁锈等清除,直至露出金属光泽。

整改前	整改后

全线管道贴地,导致底部电火花检漏未做,防腐层补口补伤后有漏点,现场未提供电火花检测记录,现场做完防腐补口补伤后拖管导致防腐管表面有严重划伤。

不符合:SY/T 4204—2019《石油天然气建设工程施工质量验收规范 油气田集输管道工程》中第7.1.6规定:防腐层补口补伤不应有漏点。

3.6 补口补伤

整改前	整改后

施焊作业带布管时焊口之后部分管壁环氧粉末防腐层多处划伤,个别管壁发现机械硬伤,深度达1.0mm,此问题多次频繁发生,整改落实不到位。

不符合:GB 50819—2013《油气田集输管道施工规范》中第4.2.1条规定。

整改前	整改后

防腐补口多处存在气泡、褶皱、翘边现象,且未按照规范要求24h后进行剥离强度检验直接下沟。

不符合:SY/T 0414—2017《钢质管道聚烯烃胶粘带防腐层技术标准》中第7.0.5条规定。

3 管道焊接、检测及补口补伤

整改前	整改后

压盖翘边。
不符合：GB/T 23257—2017《埋地钢质管道聚乙烯防腐层》中第7.4条规定。

整改前	整改后

防腐层存在漏点。
不符合：SY/T 4204—2019《石油天然气建设工程施工质量验收规范 油气田集输管道工程》中第7.1.6条规定：防腐层补口补伤后不应有漏点。

整改前	整改后

补口存在搭接宽度不够、黏结力不强、皱褶、空鼓、开裂等现象。
不符合：GB/T 23257—2017《埋地钢质管道聚乙烯防腐层》中第9.3.11条、第9.4条规定。

整改前	整改后

因强行脱管,未采取防护措施,造成部分热收缩套翘边等。
不符合:GB 50819—2013《油气田集输管道施工规范》中第10.3.3条规定。

整改前	整改后

防腐保温管在运输过程中未采取有效的固定措施,导致保温层损伤。
不符合:GB/T 50538—2020《埋地钢质管道防腐保温层技术标准》中第10.0.5条规定:防腐保温管成品在运输过程中应采取有效的固定措施,不应损伤防腐层、保温层及防腐层结构,装卸过程中应轻拿轻放。

整改前	整改后

现场完成的补口补伤接口处无少量胶均匀溢出。
不符合:GB/T 50538—2020《埋地钢质管道防腐保温层技术标准》中第9.5.5.1条规定:热收缩带(套)周边应有胶粘剂均匀溢出。

整改前	整改后

管道下沟前,未对焊口补伤进行检查,存在表面不平整和翘边现象。

不符合:SY/T 4204—2019《石油天然气建设工程施工质量验收规范 油气田集输管道工程》中第7.1.8条规定。

整改前	整改后

现场测量焊口补口质量,底漆厚度为200μm、154μm、228μm、233μm、200μm。

不符合:腐-31985/明中第3.1.1.2条规定:管道防腐管道补口处防腐层采用聚乙烯热缩套三层构,底层涂敷无溶剂环氧涂料,干膜厚度不小于400μm,然后包敷聚乙烯热缩套。

整改前	整改后
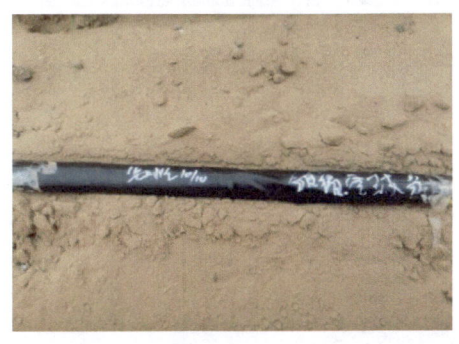	

单井管线工程焊口防腐补口皱褶。

不符合:(1)GB/T 50538—2020《埋地钢质管道防腐保温层技术标准》中第7.1.5条规定:保温层补口应连续均匀,无空洞、开裂,防腐层表面应平整、无皱褶。应逐个检查补口补伤处的外观质量。补口补伤处外观应无烤焦空鼓、皱纹、咬边缺陷,接口处应有少量胶均匀溢出,检验合格后应补口补伤处作出标记。

(2)GB/T 50538—2020中第8.2.1条规定:防腐层应涂覆均匀,表面光滑平整,无气泡、皱褶等缺陷。

整改前	整改后

集油管线2道焊口补口发泡不饱满、空鼓。

不符合:GB/T 50538—2020《埋地钢质管道防腐保温层技术标准》中第8.1.5条规定:应逐个检查补口补伤处的外观质量。补口补伤处外观应无烤焦空鼓、皱纹、咬边缺陷,接口处应有少量胶均匀溢出,检验合格后应补口补伤处作出标记。如检验不合格,必须返工处理直至合格。

整改前	整改后

供水插输管线(φ89mm×4.5mm)防腐补口聚乙烯胶带粘接普遍存在翘边、褶皱、空鼓现象。

不符合:GB/T 23257—2017《埋地钢质管道聚乙烯防腐层》中第8.3.2条规定:聚乙烯胶带补口应平整、无气泡、无褶皱等,与管体防腐层搭接处应黏结严密,无翘边、空鼓等缺陷。

整改前	整改后

现场检查3点位至6点位补口热缩套外观,发现皱纹,且补口固定片底胶未充分烤化。

不符合:GB/T 23257—2017《埋地钢质管道聚乙烯防腐层》中第8.3.3条规定:热缩套(带)补口应表面平整、无皱褶、无气泡、无烧焦碳化等现象,与管体防腐层搭接处应黏结严密。底胶应充分熔化并与管体表面及热缩套内层黏结牢固。

整改前	整改后

现场检查外输管线工程,60mm×4mm及76mm×4mm供气管线焊口使用防腐专用底漆涂刷后未及时进行防腐补口,导致底漆无黏结力,且部分焊口使用无溶剂环氧涂料进行防腐。

不符合:(1)GB/T 50538—2020《埋地钢质管道防腐保温层技术标准》中第8.2.1条规定:防腐补口应在底漆涂装后及时施工,确保层间黏结力。延迟施工时,应重新处理表面。

(2)GB/T 50538—2020中第7.1.7条规定:补口材料应与原防腐层及底漆相容,设计无规定时应采用与管体相同的防腐材料。

整改前	整改后
	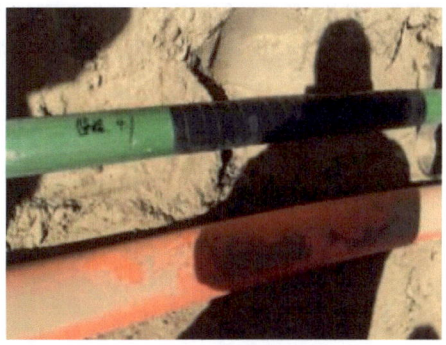

整改前	整改后

注水管线防腐补口采用单层胶带补口。
不符合：设计图纸腐–15057/明中规定：使用"内带+外带"。

整改前	整改后
	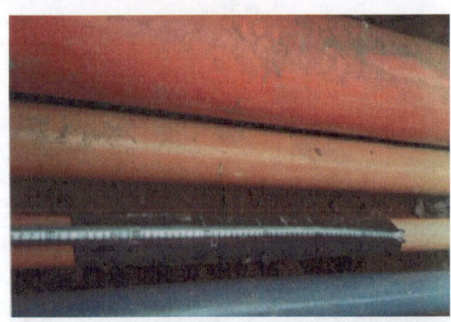
	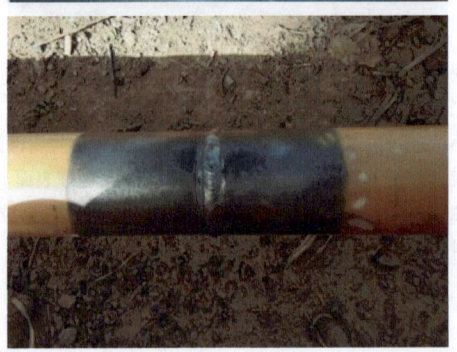

聚乙烯胶粘带补口除锈不合格，涂刷底漆未干开始缠绕胶带。
不符合：SY/T 0414—2017《钢质管道聚烯烃胶粘带防腐层技术标准》中第5.2.2条和第4.2.3条规定。

4 管沟开挖、管道下沟

本章涉及管沟开挖的尺寸要求、开挖方法及管道下沟的注意事项。管沟开挖是管道埋地敷设的前提,其质量和安全直接关系到管道的稳定性和安全性。本章的意义在于指导施工人员按照规范要求进行管沟开挖和管道下沟作业,确保管沟尺寸合理、沟壁稳定,为管道的安全运行提供良好环境。

4.1 管沟尺寸

整改前	整改后

注水部分管沟深度设计1.6m,现场实测0.7m。
不符合:设计图纸要求。

4.2 管沟开挖

整改前	整改后

管沟周边堆土不符合规范要求,未设置警示牌警戒线隔离。
不符合:GB/T 50484—2019《石油化工建设工程施工安全技术标准》中第3.5.19条规定:临边及洞口四周应设置防护栏杆,设置警示标志或采取覆盖措施。

整改前	整改后

输油泵房及长6罐区管沟开挖时,沟边弃土距沟边间距小于0.5m,堆土高度大于1.5m,存在较大安全隐患。
不符合:GB 50540—2009《石油天然气站内工艺管道工程施工规范(2012年版)》中第8.1.6条规定。

整改前	整改后

现场管沟开挖未报验。
不符合:《建设工程质量管理条例》中第三十条规定。

整改前	整改后

清管阀区、压缩机区管沟开挖未设置排水沟槽和防雨水冲刷塌方设施。
不符合:GB/T 50484—2019《石油化工建设工程施工安全技术标准》中第3.6.2.6条规定。

4.3 管道下沟

整改前	整改后

(1)现场挖掘作业操作人员无证作业。
(2)挖沟、管线下沟现场无专人指挥操作。
(3)管线下沟作业时未对环氧粉末防腐管采取吊带或保护措施。

不符合:(1)SY/T 6444—2018《石油工程建设施工安全规范》中第3.4.2条规定。
(2)GB 50819—2013《油气田集输管道施工规范》中第12.2.3条规定。
(3)SY/T 4204—2019《石油天然气建设工程施工质量验收规范　油气田集输管道工程》中第8.2.1条规定。

5 管道清理

本章涉及管道内部及焊口处的清理要求,包括除锈、除污等工序。管道清理是确保管道畅通无阻、减少流体阻力和腐蚀的关键步骤。本章的目的在于强调管道清理的重要性,规范清理作业流程,提高管道系统的清洁度和运行效率。

整改前　　　　　　　　　　　　　　　　整改后

桁架结构表面有疤痕、油污、泥沙等。

不符合:GB 50205—2020《钢结构工程施工质量验收标准》中第13.2.1条规定:钢材表面不应有焊渣、焊疤、灰尘、油污、水和毛刺等。

整改前　　　　　　　　　　　　　　　　整改后

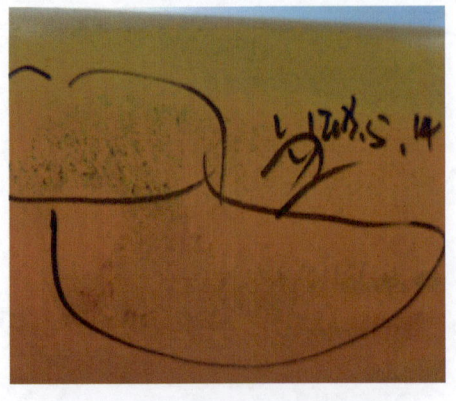

液体环氧涂料防腐层除锈质量未达到规范要求。

不符合:GB/T 8923.1—2011《涂覆涂料前钢材表面处理　表面清洁度的目视评定　第1部分:未涂覆过的钢材表面和全面清除原有涂层后的钢材表面的锈蚀等级和处理等级》中第5.2.3条规定:补口、补伤处钢管表面不应有浮锈、油污及其他杂物。

5 管道清理

整改前	整改后

焊口处飞溅清理不彻底。
不符合：SY/T 4204—2019《石油天然气建设工程施工质量验收规范 油气田集输管道工程》中第10.3.2条规定。

整改前	整改后

组对前管道内的泥沙未能清理干净，组对前坡口表面及两侧20mm内铁锈未清理干净。
不符合：SY/T 4204—2019《石油天然气建设工程施工质量验收规范 油气田集输管道工程》中第5.2.1条规定：管道组对前应清除钢管内的积水、泥土、石块等杂物。应将管端内外20mm范围内的油污、泥水清除，并打磨露出金属光泽。

整改前	整改后

焊缝周围的飞溅不及时清理，焊缝表面不齐整，外观成型差。
不符合：GB 50540—2009《石油天然气站内工艺管道工程施工规范（2012年版）》中第7.4.1条规定：焊缝上的焊渣及周围的飞溅应清除干净，焊缝表面应均匀整齐，不应存在有害的焊瘤、凹坑等。

整改前	整改后

井口预制未进行除锈。

不符合:SY/T 4204—2019《石油天然气建设工程施工质量验收规范 油气田集输管道工程》中第6.1.16条规定。

整改前	整改后

脱水站集油管线60mm×4mm3PE防腐保温层已焊接完成130道焊口,外观成型差,焊后飞溅未清理;50道焊缝存在连续咬边,深度大于0.5mm。

不符合:GB 50819—2013《油气田集输管道施工规范》中第9.5.1.1条和第9.5.1.4条规定:焊缝表面不得有裂纹、气孔、凹陷、夹渣及熔合性飞溅;咬边深度不应大于管壁厚的12.5%,且不应超过0.5mm。在焊缝任何300mm连续长度中,累计咬边长度不得大于50mm。

整改前	整改后

焊缝两侧熔合性飞溅未清除。

不符合:(1)SY/T 4204—2019《石油天然气建设工程施工质量验收规范 油气田集输管道工程》中第5.3.5条规定:焊缝表面应无飞溅、咬边等缺陷,否则需打磨处理。

(2)GB 50236—2011《现场设备、工业管道焊接工程施工规范》中第6.3.6条规定:焊接完成后,应清除焊缝表面的熔渣、飞溅物及其他污物,焊缝两侧的飞溅物必须清除干净。

整改前	整改后

现场组对焊接完成后未清理焊缝表面飞溅及药皮等杂物。

不符合：GB 50819—2013《油气田集输管道施工规范》中第9.5条第1款规定：焊缝表面不得有裂纹、气孔、凹陷、夹渣及熔合性飞溅。

整改前	整改后

组对前焊口两侧清理不彻底,焊接完成后未清理飞溅;成品保护不到位,管线防腐层有损伤现象;焊口标识不规范,存在乱号、断号问题。

不符合:GB 50819—2013《油气田集输管道施工规范》中规定。

整改前	整改后
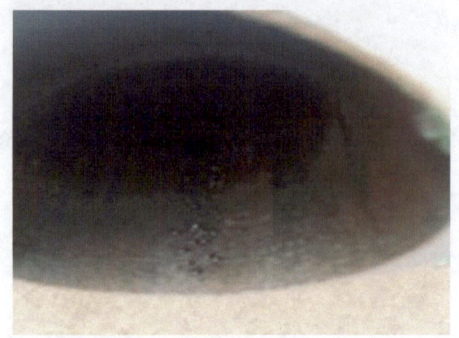	

经排查,现场管孔吹扫不干净,管端内壁有钢丸。

不符合:SY/T 0315—2013《钢质管道熔结环氧粉末外涂层技术规范》中第7.3.2条规定:喷(抛)射除锈后,应将钢管内外表面残留的钢丸(沙粒)和外表面微尘清理干净。

整改前	整改后

焊口表面飞溅未清理干净。

不符合:GB 50819—2013《油气田集输管道施工规范》中第9.5.1条规定。

整改前	整改后

现场布管后,管子两端管口沙土、杂草进入的现象普遍,且组对焊接前未采取有效措施进行内洁,个别管口用编织袋填塞。

不符合:GB 50819—2013《油气田集输管道施工规范》中第8.3.1条规定。

6 管沟回填

本章涉及管沟回填的材料选择、回填方法及质量要求。管沟回填是管道埋地敷设的最后一道工序，其质量直接影响到管道的稳定性和安全性。本章的意义在于指导施工人员按照规范要求进行管沟回填作业，确保回填材料合格、回填密实度达标，为管道的长期安全运行提供保障。

整改前	整改后

场地平整施工，原地表杂草及根植土未清理到位且未做碾压直接填土，回填土未分层压实、未做压实系数检测，施工质量不合格。
不符合：设计文件中第6条、第7条规定。

整改前	整改后

管沟验收未完成的情况下私自回填并进行管道试压。
不符合：《长庆油气田地面工程建设实施阶段管理办法》中相关规定。

整改前	整改后

石方沟段管沟回填未先回填200mm厚细软土垫层,回填土块粒径较大。
不符合:SY/T 4204—2019《石油天然气建设工程施工质量验收规范 油气田集输管道工程》中第8.2.7条规定:石方沟底应先回填200mm厚细软土垫层。

整改前	整改后

管沟回填未报验,擅自回填约1.5km。
不符合:GB 50819—2013《油气田集输管道施工规范》中第11.1.7条规定。

7 阀室、阀井及储罐等设备安装

本章涉及阀室、阀井及储罐等设备的安装流程、技术要求及质量验收标准。这些设备的安装质量直接关系到管道系统的整体性能和安全性。本章的目的在于规范设备安装作业，提高安装质量，确保设备功能正常、运行稳定，为管道系统的安全运行提供有力支持。

7.1 施工准备、测量放线

整改前	整改后

检查进场J41H 2.5MPa DN80mm中压手工截止阀，阀门外表面存在锈蚀、脏污和损伤等缺陷，名牌不清晰，内表面存在凹坑、锈蚀缺陷等问题。
不符合：SY/T 4102—2013《阀门检验与安装规范》中第3.2.2条、第3.2.3条规定。

7.2 设备组装

整改前	整改后

不能保持良好电气接触的阀门、法兰、弯头等管道连接处未做跨接。
不符合：GB 50169—2016《电气装置安装工程 接地装置施工及验收规范》中第4.14.2条规定：不能保持良好电气接触的阀门、法兰、弯头等管道连接处也应跨接。跨接线可采用截面积不小于50mm²的导体。

7 阀室、阀井及储罐等设备安装

整改前	整改后

储水罐第一层、第二层罐壁垂直度北向偏差最大22mm。

不符合:GB 50128—2014《立式圆筒形钢制焊接储罐施工规范》中第7.3.1条规定:罐壁垂直度不应大于罐壁高度的0.4%,且不应大于50mm。

整改前	整改后

300m³净化水罐进出罐壁开孔插管补强圈已安装完成,未按规范要求施工。

不符合:GB 50128—2014《立式圆筒形钢制焊接储罐施工规范》中第4.6.4条规定。

7.3 焊接与探伤

整改前	整改后
	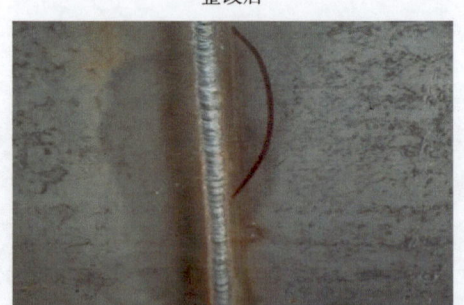

1000m³沉降罐、1000m³净化罐底圈壁板罐内纵缝咬边深度为0.9mm、1.2mm、0.7mm,连续咬边长度大于100mm。
不符合:GB 50128—2014《立式圆筒形钢制焊接储罐施工规范》中第7.1.2.2条规定:对接焊缝的咬边深度不应大于0.5mm,咬边的连续长度不应大于100mm。

整改前	整改后

J7钢结构焊接存在气孔,外形不均匀,成型较差。
不符合:GB 50205—2020《钢结构工程施工质量验收标准》中第5.2.4条、第5.2.6条规定。

整改前	整改后
	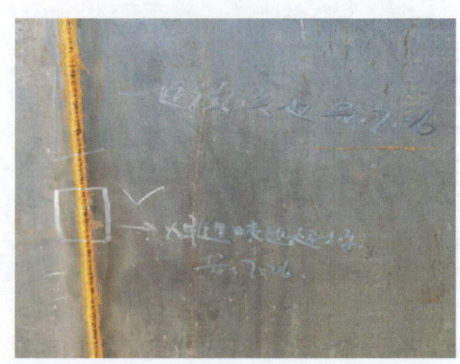

2具500m³沉降除油罐第六层壁板罐外4道纵缝存在咬边深度为0.8mm、1.2mm、1.4mm,连续咬边长度大于100mm。
不符合:GB 50128—2014《立式圆筒形钢制焊接储罐施工规范》中第7.1.2.2条规定:对接焊缝的咬边深度不应大于0.5mm,咬边的连续长度不应大于100mm。

整改前	整改后

压缩机区至管网排污管线三通组对焊接过程中组对平直度超标,实测为5mm。

不符合:SY/T 4203—2019《石油天然气建设工程施工质量验收规范 站内工艺管道工程》中第6.3.3条规定:当管子公称直径小于100mm时,管道对口平直度允许偏差为1mm。

整改前	整改后
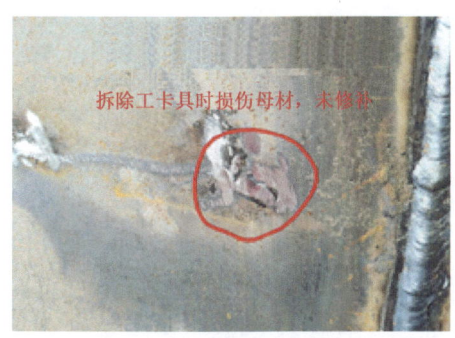	

拆除1000m³溢流沉降罐组装工卡具时,损伤母材,且现场未进行损伤部位修补。

不符合:SY/T 4202—2019《石油天然气建设工程施工质量验收规范 储罐工程》中第7.1.2条规定:拆除组装工卡具时,不应损伤母材。钢板表面的焊疤应打磨平滑。如果母材有损伤,应进行修补。

整改前	整改后

现场检查单井管线焊工施焊时,焊机电缆线未与管道可靠连接,导致引弧瞬间短路烧伤母材。

不符合:SY/T 4204—2019《石油天然气建设工程施工质量验收规范 油气田集输管道工程》中第6.1.7.1规定:焊工应按焊接工艺规程进行施焊,且应符合下列规定:施焊时不应在坡口以外的管壁上引弧,焊机电缆线与管道应有可靠的连接方式。

整改前	整改后

当日焊接完成一道0点位焊缝,现场实测余高为-0.8mm,焊缝余高低于母材表面,经外观检测不合格。
不符合:SY/T 4122—2020《油田注水工程施工技术规范》中第5.5.1条规定:焊缝余高应为0~3mm。

整改前	整改后
	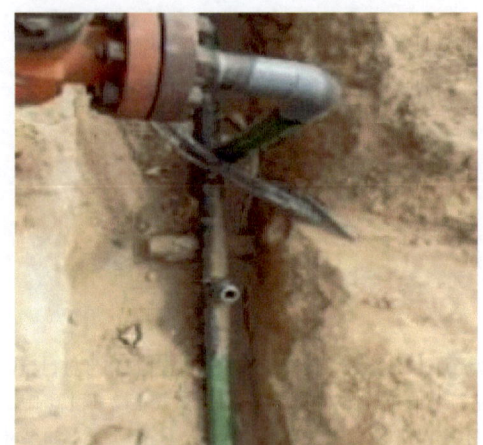
	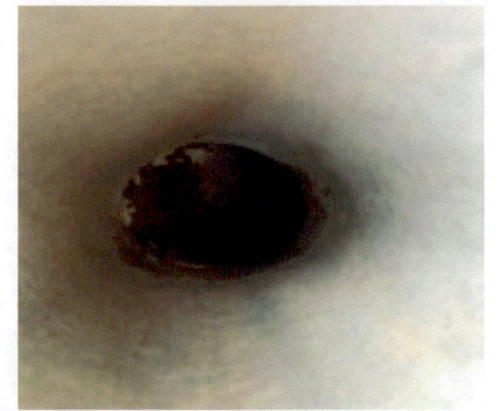

现场检查已焊接完成的焊口均未使用氩弧焊进行打底。
不符合:项目焊接工艺规程中规定。

7.4 补口、检漏

整改前

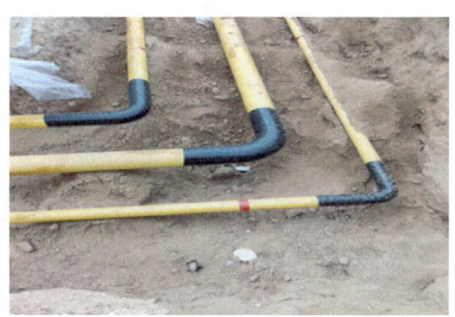
整改后

站内埋地管线防腐补口采用聚丙烯防腐粘胶带。
不符合:CTEC6021010501/明《场站管道技术要求》中规定。

整改前

整改后

焊缝防腐补口聚乙烯胶粘带与原防腐层搭接宽度不符合要求,且局部存在褶皱、空鼓等缺陷。
不符合:SY/T 0414—2017《钢质管道聚烯烃胶粘带防腐层技术标准》中第6.0.3条及第7.0.2条规定:胶粘带防腐层的补口应采用胶粘带防腐层。补口防腐层结构应按本标准第3章选定,并按照本标准第5章的规定进行施工。补口胶粘带与原防腐层搭接宽度应不小于100mm。补口处防腐等级应不低于管体防腐层;应对防腐层进行100%目测检查,防腐层表面应平整、搭接均匀、无气泡、无皱褶和破损。

7.5 土建工程

整改前

整改后

独立柱底部箍筋加密高度不足,伸入墙体拉结筋实测长度为750mm,且拉结筋未采用90°弯钩。
不符合:《建筑物抗震构造详图》(11G329-2)中第1-10的规定。

整改前	整改后

现场检查预制的混凝土仪表支墩未预埋240mm×240mm×6mm钢板。
不符合:设计文件结-9722/11中规定。

整改前	整改后

储罐爬梯末端包裹在台阶内部。
不符合:设计要求。

整改前	整改后

闭式冷却塔地面天然级配碎石厚度不够200mm。
不符合:图集12J003C2详8B中规定。

7　阀室、阀井及储罐等设备安装

整改前	整改后

设备基础散水浇筑未留置收缩缝。
不符合:GB 50209—2010《建筑地面工程施工质量验收规范》中第3.0.15条规定。

整改前	整改后

水处理间填充墙与主梁的连接钢筋采用化学植筋的方式连接,现场植筋松动,轴向受拉承载力达不到规范要求。
不符合:GB 50203—2011《砌体结构工程施工质量验收规范》中第9.2.3条规定。

整改前	整改后

围墙砌筑检查水平灰缝超过2.5~3cm;砌筑砖块未提前浇水润湿。
不符合:GB 50203—2011《砌体结构工程施工质量验收规范》中第6.3.1条和第9.1.5条规定。

| 整改前 | 整改后 |

500m³除油罐、300m³净化水罐、300m³清水罐环梁基础钢筋加工及安装不符合要求。
不符合:设计图纸结01-CTEC/07、01-CTEC/07中规定。

| 整改前 | 整改后 |

检查防火墙砌筑情况,灰缝厚度为 8mm、15mm、12mm、16mm,个别位置超过 25mm。
不符合:GB 50203—2011《砌体结构工程施工质量验收规范》中第 5.3.2 条规定:砖砌体的灰缝应横平竖直,厚薄均匀,水平灰缝厚度级竖向灰缝宽度宜为 10mm,但不应小于 8mm,也不应大于 12mm。

| 整改前 | 整改后 |

结筋埋入长度从留槎处算起,每边小于 500mm,抗震设防烈度 6 度、7 度的地区小于 1000mm。
不符合:GB 50203—2011《砌体结构工程施工质量验收规范》中第 5.2.3 条规定:非抗震设防及抗震设防烈度为 6 度、7 度地区的临时间断处,当不能留斜槎时,除转角处外,可留直槎,但直槎必须做成凸槎,且应加设拉结钢筋,拉结钢筋应符合下列规定:埋入长度从留槎处算起每边均不应小于 500mm,对抗震设防烈度 6 度、7 度的地区,不应小于 1000mm。

| 整改前 | 整改后 |

现场二层走廊防爆墙砌筑未设置 3×φ8mm 通长钢筋。
不符合:结-13249/2 中第 10.1.10 条规定。

整改前	整改后

分离器区与进站阀组区之间约600㎡砂砾石底基层未铺设,直接进行混凝土基层浇筑施工。

不符合:建-36921/2"设计建筑施工总说明(二)"中附属设施第1条规定:其余场地铺砖具体做法参照国家建筑标准设计图集05J909《工程做法》中SW29页路3-1的构造做法,应为素土夯实、200mm厚级配砂石两部夯实、150mm厚混凝土垫层、30mm厚1:3干硬性水泥砂浆。

整改前	整改后

满粘法施工的内墙饰面砖存在裂缝现象,大面和阳角存在空鼓现象。

不符合:GB 50210—2018《建筑装饰装修工程质量验收标准》中第10.2.4条规定:满粘法施工的内墙饰面砖应无裂缝,大面和阳角应无空鼓。

整改前	整改后

模板支架底部未按规范要求设置底座、垫板、纵横向扫地杆;竖向模板和支架的支撑部分未加设垫板。

不符合:(1)JGJ 59—2011《建筑施工安全检查标准》中第3.12.3条规定:模板支架保证项目的检查评定应符合下列规定:底部应按规范要求设置底座、垫板,垫板规格应符合规范要求;支架底部纵向、横向扫地杆的设置应符合规范要求。

(2)SY/T 6444—2018《石油工程建设施工安全规范》中第5.2.6.8规定:模板安装(支模)作业时,应遵守下列规定:竖向模板和支架的支撑部分应加设垫板,且基土应坚实并有排水措施。对湿陷性黄土,应有防水措施;对冻胀性土,应有防冻融措施。

7 阀室、阀井及储罐等设备安装

整改前	整改后

检查井内存在施工及生活垃圾及排水缺陷,检查井未进行抹灰处理。

不符合:(1)GB 50268—2008《给水排水管道工程施工及验收规范》中第8.2.4条规定:检查井的防水、防渗措施应符合设计要求,抹灰层应密实、无空鼓。

(2)GB 50268—2008中第8.2.6条规定:管道及检查井在验收前需进行严密性试验(如闭水试验),确保无渗漏。

7.6 管线设备接地、绝缘接头安装

整改前	整改后

接地扁铁使用熔焊开孔。

不符合:GB 50169—2016《电气装置安装工程 接地装置施工及验收规范》中第4.2.6条规定:接地线的连接应可靠,不应因加工造成接地线截面减小、强度减弱或锈蚀等问题。

整改前	整改后

电焊机金属外壳未设置保护接地线。

不符合:JGJ 33—2012《建筑机械使用安全技术规程》中第12.1.17条规定:交流电焊机应安装防二次侧触电保护装置。

整改前	整改后

安塞生产应急中心空气源热泵基础接地极安装施工中，2个接地极间距4.4m。
不符合：GB 50303—2015《建筑电气工程施工质量验收规范》中第22.2.1条规定：间距不应小于5m。

整改前	整改后

接地施工的接地线规格为38.5mm×2.4mm。
不符合：设计图纸电-25614/明"第五部分 技术要求"中第12条规定：接地线选用40mm×4mm镀锌扁钢。

整改前	整改后

电焊机一次侧未装设漏电保护器、二次侧未装设空载降压装置，电焊机金属外壳未设置接零或保护接地线，电焊机防护外壳不完整，一次、二次导线接线柱处保护罩缺失，一次、二次线长度不满足要求，绝缘不良好，高频焊机的高频防护装置不良好易发生短路。

不符合：(1)GB/T 8118—2010《电弧焊机通用技术条件》中第6.2.1条规定(接地保护)：电焊机金属外壳必须可靠接地或接零(PE线)，接地电阻不大于4Ω，防止漏电时外壳带电引发触电事故。

(2)GB/T 8118—2010中第6.2.3条规定(电气安全要求)：电焊机应具备防止触电的保护措施，一次侧应装设漏电保护装置(如剩余电流动作保护器RCD)，以确保操作安全。

(3)GB/T 8118—2010中第6.2.4条(空载电压限值)规定：交流弧焊机二次侧空载电压不得超过80V(直流焊机不超过113V峰值)，且应装设空载降压装置(防触电装置)，以减少非焊接时的触电风险。

(4)GB/T 15579.1—2024《弧焊设备 第1部分：焊接电源》中第5.3条规定(防触电保护)：焊接电源外壳防护等级不应低于IP21S，所有带电部分必须有效隔离，接线端子应配备防护罩。

(5)GB/T 15579.1—2024中第5.4规定(接地保护)：金属外壳必须设置永久性保护接地端子，接地电阻不大于0.1Ω，且不得与工作零线混接。

(6)GB/T 15579.1—2024中第6.2规定(电气安全装置)：一次侧应装设剩余电流动作保护器(RCD)，二次侧应配备空载电压限制装置(如防触电装置)。

(7)GB/T 15579.1—2024中第7.1条规定(导线与连接)：一次线长度不宜超过5m，二次线不宜超过30m，绝缘层应无破损且耐压等级不小于500V。

整改前	整改后

转角杆线路UT线夹螺杆螺纹剩余长度小于1/2。

不符合：GB 50173—2014《电气装置安装工程66kV及以下架空电力线路施工及验收规范》中第7.5.2条规定：UT型线夹或花篮螺栓的螺杆应露螺纹，并应不小于1/2。

整改前	整改后

现场使用发电机未做接地保护，无安全技术操作规程。

不符合：(1)GB/T 50484—2019《石油化工建设工程施工安全技术标准》中第4.2.15条规定：发电机组应将电源中性点、直接接地，并独立设置TN-S保护接零系统。

(2)SY/T 6444—2018《石油工程建设施工安全规范》中第4.3.2条规定：施工设备应制定安全技术操作规程，作业中操作人员不得擅自离岗，发现任何危险情况应立即停止作业。

整改前	整改后

工艺安装施工前未对已完成的脱水橇接地支线加以保护，导致接地支线出现弯曲、高低起伏、不平直现象。

不符合：GB/T 50326—2017《建设工程项目管理规范》中第16.3.3条规定(成品保护管理)：施工单位应负责已完工程和设备的保护，确保在移交前完好无损。

整改前	整改后

采用熔焊开孔。

不符合：GB 50169—2016《电气装置安装工程　接地装置施工及验收规范》中第4.2.6条规定：接地线的连接应可靠，不应因加工造成接地线截面减小、强度减弱或锈蚀等问题。

整改前	整改后

临时输油点接地极镀锌钢管于扁铁搭接面积不足；接地网焊口未防腐。

不符合：(1)GB 50169—2016《电气装置安装工程　接地装置施工及验收规范》中第4.3.6条规定：除接地体外，接地体的引出线的垂直部分和接地装置连接(焊接)部位外侧100mm范围内应作防腐处理；在做防腐处理前，表面必须除锈并去掉焊接处残留的焊药。

(2)GB 50169—2016中第4.3.5条规定：接地体(线)的焊接应采用搭接焊，其搭接长度必须符合下列规定：扁钢与钢管、扁钢与角钢焊接时，为了连接可靠，除应在其接触部位两侧进行焊接外，并应焊以由钢带弯成的弧形(或直角形)卡子或直接由钢带本身弯成弧形(或直角形)与钢管(或角钢)焊接。

整改前	整改后

7 阀室、阀井及储罐等设备安装

整改前	整改后
	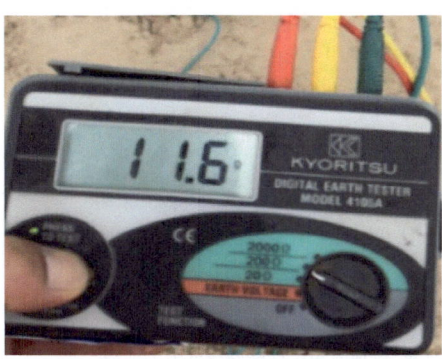

井组变压器接地电阻值实测为33.6Ω、34.3Ω，柳81-24井组变压器接地电阻值实测为19.2Ω。

不符合：设计图纸电-25614/明"第五部分 技术要求"中第12条规定：变压器接地电阻值不大于4Ω。

整改前	整改后

井组接地引下线与接地体连接接触不可靠。

不符合：GB 50173—2014《电气装置安装工程66kV及以下架空电力线路施工及验收规范》中第9.0.8条规定：接地引下线与接地体连接应接触良好可靠并便于解开进行测量接地电阻和检修。

整改前	整改后

接地极、接地线焊接后防腐漆涂刷不到位。

不符合：GB 50169—2016《电气装置安装工程 接地装置施工及验收规范》中第4.1.2条规定。

整改前	整改后

钢筋加工设备及打桩设备未进行接地保护。

不符合：JGJ/T 46—2024《建筑与市政工程施工现场临时用电安全技术标准》中第4.2.1条规定。

整改前	整改后

场区设备接地断接卡连接部位未及时涂抹电力复合脂(导电膏)。

不符合：SY/T 4206—2019《石油天然气建设工程施工质量验收规范 电气工程》中第5.2.3条规定：螺栓连接应紧固、无松动，接触面应平整清洁。重要的电气连接部位宜涂敷电力复合脂(导电膏)。

整改前	整改后

焊机未接地。
不符合:SY/T 6444—2018《石油工程建设施工安全规范》中第5.4.2条规定。

整改前	整改后

现场测量防雷接地已施工所用镀锌材料规格尺寸:DN50mm×2500mm镀锌钢管长度为2110mm、壁厚为2.44mm;40mm×4mm镀锌扁铁宽度×厚度为39.88mm×3.33mm;镀锌圆钢直径为10.31mm(要求为ϕ12mm)。
不符合:设计图纸电-27310/料表及GB/T 3524—2015《碳素结构钢和低合金结构钢热轧钢带》、GB/T 702—2017《热轧钢棒尺寸、外形、重量及允许偏差》、GB/T 3091—2015《低压流体输送用焊接钢管》规定。

7.7 仪器设备的安装

整改前	整改后

氧气、乙炔瓶减压器、压力表未校验,且表盘破损。
不符合:JGJ 160—2016《施工现场机械设备检查技术规范》中第10.1.8条规定:各气体瓶压力表应在有效检定期内。

整改前	整改后

主装置区工程的预处理区再生气压缩机流量计孔板在施工中保护不当,造成孔板磨损严重损坏,后期运行时会严重影响计量准确度,须更换。

不符合:GB 50093—2013《自动化仪表工程施工及质量验收规范》中第4.1.9条、第6.5.1条规定。

整改前	整改后
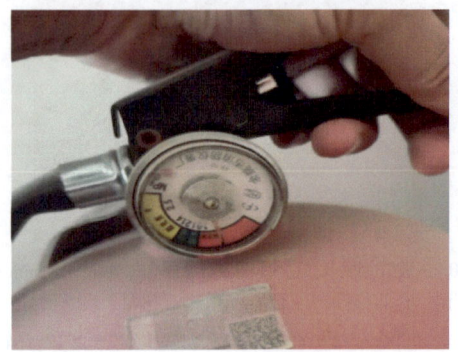	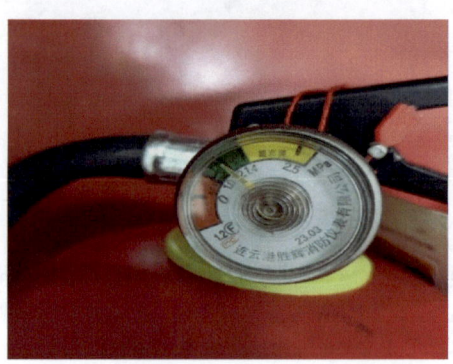

工(器)具、机械设备的安全防护、保险未达到完好齐全、正常有效要求,不满足标准和现场使用等要求。

不符合:JGJ 33—2012《建筑机械使用安全技术规程》中第2.0.3条规定:机械上的各种安全防护和保险装置及各种安全信息装置必须齐全有效。

整改前	整改后

角向磨光机没粘贴自检、合格标识。

不符合:GB/T 3787—2017《手持式电动工具的管理、使用、检查和维修安全技术规程》中第4.1条规定。

8 管道穿跨越施工

本章涉及管道穿跨越河流、公路、铁路等特殊地形的施工技术和安全措施。穿跨越施工是管道工程中的难点和重点,其施工质量和安全直接关系到管道系统的整体稳定性和安全性。本章的意义在于指导施工人员掌握穿跨越施工技术,加强安全管理,确保穿跨越施工的安全顺利进行。

整改前	整改后

现场已浇筑管线支墩未按照设计图纸施工,未进行钢筋笼绑扎安装,现场采用素混凝土进行浇筑。
不符合:设计图纸结-11670/1中截面5-5大样要求。

整改前	整改后

桁跨下弦杆管端未焊接封堵、桁跨下弦杆管端未焊接封堵。
不符合:GB 50205—2020《钢结构工程施工质量验收标准》中第6.3.4条规定(钢管构件端部封闭要求):所有的钢管构件,其端部必须用封头板封闭,封头板厚度不小于管壁厚度且不小于6mm,但也不大于20mm。封闭前确保管内没有积水和潮气。

整改前	整改后

管线支墩区域混凝土散水基层3∶7灰土垫层厚度实际为50~120mm。

不符合：结-14642/明"环十八转隐患治理工程设计图纸"中第3.5条规定：散水3∶7灰土垫层厚度为150mm。

整改前	整改后

脱水站集油管线钢筋和桁跨材料进场未报验，基坑放线、开挖、钢筋安装、桁跨焊接均未报验，现场钢筋安装已完成，桁跨下弦焊接完成，现场施工与施工图纸不符合，且查无"质量三检记录"。

不符合：《长庆油田公司油气田地面建设工程质量管理办法》（长油〔2012〕24号）中第十九条规定：（二）建设工程材料、构配件和设备未经报验，施工单位不得在工程上使用或安装。（六）施工单位应严格工序质量管理，落实"质量三检制"，并且认真做好检查记录，上道工序未经验收或者不合格，施工单位不得进入下道工序施工。

整改前	整改后

管线跨越桁跨基础自拌混凝土现场未查到配合比，对原材料未实际计量，无拌和设备。

不符合：GB 50666—2011《混凝土结构工程施工规范》中第7.6.5条规定。

9 水工保护

本章涉及水工保护措施在管道工程中的应用,包括支挡坡面防护、冲刷防护等技术措施。水工保护是防止管道因水流冲刷、山体滑坡等自然灾害受损的重要手段。本章的目的在于提高施工人员对水工保护重要性的认识,掌握水工保护技术措施,确保管道工程的安全稳定运行。

9.1 支挡坡面防护工程技术措施

整改前 | 整改后

站外管线水工保护使用草袋子护坡,草袋子未错位搭接,截水墙未从管线顶部生根直接堆放与地表。

不符合:(1)SY/T 4126—2013《油气输送管道线路工程水工保护施工规范》中第7.2节规定(草袋结构):要求草袋护坡需分层错缝搭接,搭接长度不小于草袋长度的1/3,确保整体稳定性。

(2)SY/T 4126—2013中第9.2节中规定(护坡):截水墙(挡水埂)必须与管道或防护结构锚固连接,严禁直接堆放于松散地表。

9.2 冲刷防护工程技术措施(石砌、草砌)

整改前 | 整改后

女儿墙砌筑时现场采用混凝土加气块。

不符合：GB 50203—2011《砌体结构工程施工质量验收规范》中第3.0.4条规定：长期浸水或经常受干湿交替的部位，严禁使用轻骨料混凝土小型空心砌块或蒸压加气混凝土砌块。

整改前　　　　　　　　　　　　　　　　整改后

护坡砌筑毛石之间无砂浆。

不符合：GB 50203—2011《砌体结构工程施工质量验收规范》中第7.1.6条规定。

整改前　　　　　　　　　　　　　　　　整改后

砌体灰缝砂浆密实饱满度不足80%。

不符合：GB 50203—2011《砌体结构工程施工质量验收规范》中第5.2.2条规定。

整改前　　　　　　　　　　　　　　　　整改后

拉结筋留置长度实测为35cm、30cm、31cm，长度不足。

不符合：GB 50203—2011《砌体结构工程施工质量验收规范》中第5.2.4条规定。

9 水工保护

整改前	整改后

保障点主体二层屋面女儿墙构造柱设置间距大于4m,局部区域大于6m,严重超标。
不符合:结-10047/2中第7.12条规定:女儿墙构造柱设置间距不大于2.1m。

整改前	整改后

在站内毛石护坡施工过程中,由于施工单位冬季施工防护措施不到位,导致已砌筑完成的毛石护坡表面勾缝大面积脱落。
不符合:GB 50924—2014《砌体结构工程施工规范》中第8.1.5条规定。

10　场站建设

本章涉及场站建设的各个环节，包括泵、压缩机及罐等设备的安装、场站土建施工、电线电缆建设、道路建设等。场站是管道系统的核心部分，其建设质量直接关系到整个管道系统的运行效率和安全性。本章的意义在于规范场站建设流程，提高建设质量，确保场站功能完善、运行可靠，为管道系统的长期安全运行提供有力保障。

10.1　泵、压缩机及罐等设备的安装

整改前	整改后

注水泵垫铁不受力，螺栓一侧未加垫铁。
不符合：SY/T 4201.1—2019《石油天然气建设工程施工质量验收规范　设备安装工程　第1部分：机泵类》中第5.2.3条规定：每个地脚螺栓旁至少应有一组垫铁。

整改前	整改后

压缩机斜垫铁未成对使用，外露长度为105mm。
不符合：SY/T 4201.1—2019《石油天然气建设工程施工质量验收规范　设备安装工程　第1部分：机泵类》中第5.2.4条规定：垫铁组安装应符合下列规定：垫铁端面应露出设备底面外缘，平垫铁宜露出10～30mm，斜垫铁宜露出10～50mm。

10 场站建设

整改前	整改后

三台循环水泵设备基础浇筑在一起,未严格按照设计图纸施工。
不符合:设计图纸结-11670/1中大样要求。

整改前	整改后

注水泵接地焊接部位未防腐处理。
不符合:GB 50235—2010《工业金属管道工程施工规范》中第6.12.2条规定(接地装置的防腐要求):接地装置的焊接部位应做防腐处理,防腐层材料应与管道防腐层相容,且耐土壤腐蚀。

整改前	整改后

盐4转临时输油点输油泵安装斜垫铁未配对使用。
不符合:SY/T 4201.1—2019《石油天然气建设工程施工质量验收规范 设备安装工程 第1部分:机泵类》中第5.2.7条规定:斜垫铁应配对使用。

整改前	整改后
	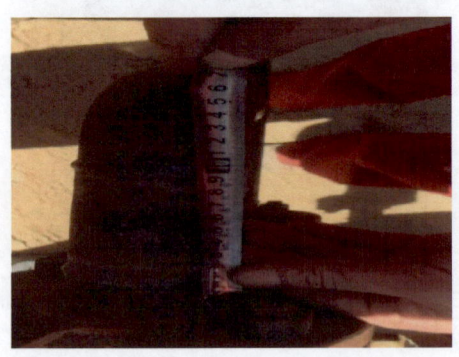

投球器安装中预配的短节太短,现场实测为100mm。
不符合:SY/T 4203—2019《石油天然气建设工程施工质量验收规范 站内工艺管道工程》中第6.2.4条规定。

整改前	整改后

临时输油点输油泵出口管线管体未防腐且已安装。
不符合:设计图纸要求:光管应进行喷刷除锈,使用环氧富锌漆防腐。

整改前	整改后

投球器旁通安装时,大半径弯头随意切割使用。
不符合:设计图纸及 GB 50540—2009《石油天然气站内工艺管道工程施工规范(2012年版)》中第6.2.10条规定。

整改前	整改后

配电室照明配电箱、水处理间等电位箱安装倾斜。
不符合:GB 50617—2010《建筑电气照明装置施工与验收规范》中第6.0.3条第6款规定。

整改前	整改后

接地扁铁出地面保护套管高度不一致。
不符合:SY/T 4206—2019《石油天然气建设工程施工质量验收规范 电气工程》中第5.4.3条规定。

整改前	整改后

加热炉安装固定端未使用垫铁进行调平,且滑动端钢板高度不足。
不符合:SY/T 4201.3—2019《石油天然气建设工程施工质量验收规范 设备安装工程 第3部分:容器类》第5.1.12条规定。

10.2 场站土建

整改前	整改后

整改前	整改后

(1)现场检查球罐区人行道天然级配砂石厚度20mm。
(2)现场检查28号道路(600m³消防罐南侧)进场的人行道混凝土方砖厚度只有46mm。
不符合:国家建筑标准设计图集12J003C2《平屋面建筑构造》中详图8B中关于混凝土方砖厚度的规定:若标注为"厚度≥50mm"则明确要求最小厚度不得小于50mm。

整改前	整改后

污泥堆放棚及污泥池钢筋开始安装但灰土压实度记录未查到,未做地基承载力试验。
不符合:设计图纸结-10989/4及结-10989/8设计说明。

整改前	整改后

进场的浆砌片石为风化岩。

不符合：设计图纸第2.4条关于工程材料的规定：石料采用质地坚硬、均匀、不易风化的片、块石，极限抗压强度不低于30MPa。片石形状可不受限制，中部厚度不小于15cm；块石形状大致成立方体，厚度不宜小于20cm，长度级宽度不小于其厚度。

整改前	整改后

对进场毛石进行检查，发现部分石头强度不符合设计要求，毛石中存在大量分化石及片石。

不符合：设计图纸结-11060/4中挡墙截面详图要求。

整改前	整改后

回填土未分层回填夯实

整改前	整改后

宿舍及食堂基础四周回填土未进行分层回填及夯实,宿舍及食堂轴室内地沟灰土垫层厚度不足。
不符合:GB 50202—2018《建筑地基基础工程施工质量验收标准》中第9.5.2条规定和设计文件建-35686/9规定。

整改前	整改后

导热油炉平台梯子下端没有做混凝土支墩,直接浇筑混凝土地面。
不符合:CTEC098-2017-14中第3条规定。

整改前	整改后

三相分离器设备基础区2:8灰土地基表面松散、横向裂纹较多,表面平整度局部超过10cm。
不符合:GB 50202—2018《建筑地基基础工程施工质量验收标准》第9.5.4条中表9.5.4-1规定。

整改前	整改后

屋面铺设岩棉保温板之前未将屋面施工垃圾清理干净且拼缝不严密,轻骨料中混有建筑垃圾。

不符合:GB 50207—2012《屋面工程质量验收规范》中第5.2.7条规定:板状保温材料铺设应紧贴基层,应铺平垫稳,拼缝应严密。

整改前	整改后

内隔墙墙体构造柱钢筋为光圆8mm。

不符合:国家建筑标准图集12G614-1《砌体填充墙结构构造》中第10页规定:内隔墙墙体构造柱钢筋为光圆12mm。

整改前	整改后

放空区围墙砌筑材料烧结砖未浇水湿润,干砖上墙。

不符合:GB 50540—2009《石油天然气站内工艺管道工程施工规范(2012年版)》中第10.2.2条规定。

整改前　　　　　　　　　　　　　　整改后

防护墙主筋偏移、箍筋未绑扎或绑扎不牢固,就私自浇筑混凝土。

不符合:(1)设计要求。

(2)GB 50204—2015《混凝土结构工程施工质量验收规范》中第5.3.3条规定(钢筋安装允许偏差):受力钢筋的品种、级别、规格、数量、位置必须符合设计要求,其允许偏差应符合表5.3.3的规定(主筋偏移不得超出±10mm)。

(3)GB 50204—2015中第5.4.7条规定(钢筋绑扎要求):钢筋的绑扎应牢固,箍筋与主筋交叉点均应绑扎,绑扎钢丝不得少于2圈,且不得漏绑、松绑。

(4)GB 50204—2015中第7.2.1条规定(隐蔽验收):浇筑混凝土前,应进行钢筋隐蔽工程验收,验收内容包括钢筋绑扎牢固性、位置准确性及保护层厚度等。

整改前　　　　　　　　　　　　　　整改后

宿舍及食堂一层现浇梁、板模板安装时,卫生间模板设计要求为-0.3m,而现场施工人员误理解为-30mm,导致卫生间底模板标高偏高。

不符合:设计图纸结-10860/4中规定。

整改前	整改后

外墙保温施工过程中,门窗洞口部位岩棉板排列不符合标准图集规定。
不符合:国家建筑标准设计图集10J121《外墙外保温建筑构造》中A-2说明:门窗洞口四角处保温板不得拼接,应采用整块保温板切割成形,保温板接缝应离开角部至少200mm。

整改前	整改后

(1)生化池外墙保温粘贴锚栓固定件现场检查设置数量为2道,规范要求锚栓数量设置为4道。
(2)操作间门窗洞口未按要求设置混凝土预制块。
(3)管沟盖板设计为预制钢筋混凝土盖板分块可拆卸,现场在整改前期楼板代替问题时又做成现浇钢筋混凝土连续盖板,造成后期投运后生产过程中无法对管沟内管道进行检查维护。
不符合:(1)JGJ 144—2019《外墙外保温工程技术标准》中第4.0.9条规定(保温层固定要求):每平方米锚栓数量不少于6个(需根据风荷载计算,但最低不少于6个/m²)。单块保温板(面积不小于0.1m²)边缘锚栓不少于4个(尤其在大风压地区或高层建筑)。
(2)GB 50210—2018《建筑装饰装修工程质量验收标准》中第6.2.11条规定(门窗安装构造要求):门窗洞口应设置混凝土预制块或实心砖砌体,其位置应与门窗固定点对应,每侧不少于3块,间距不大于500mm。
(3)GB 50369—2014《油气长输管道工程施工及验收规范》中第6.4.5条规定:管沟盖板应满足设计要求的可拆卸性或检修便利性,严禁擅自变更设计结构导致检修功能丧失。

整改前	整改后

压缩机基础垫层浇筑完成后未及时进行覆盖养护,局部出现收缩裂纹现象。
不符合:GB/T 50204—2015《混凝土结构工程施工质量验收规范》中第9.2.6条规定。

整改前	整改后

砌筑宿舍及食堂主体砖砌体时,预留的配电箱洞口为600mm、370mm、520mm,洞口上部未设置钢筋混凝土过梁。
不符合:GB 50203—2011《砌体结构工程施工质量验收规范》中第3.0.11条规定。

整改前	整改后

混凝土边沟的厚度为100mm、110mm、74mm、70mm、90mm、83mm,且部分边沟表面出现裂缝。
不符合:设计要求(设计厚度为10cm)及SY/T 4210—2017《石油天然气建设工程施工质量验收规范 道路工程》中第13.4.4条、第13.4.5条规定。

整改前	整改后

水处理间梁底未安装钢筋保护层垫块。
不符合:GB 50204—2015《混凝土结构工程施工质量验收规范》中第5.3.3条规定。

整改前	整改后
	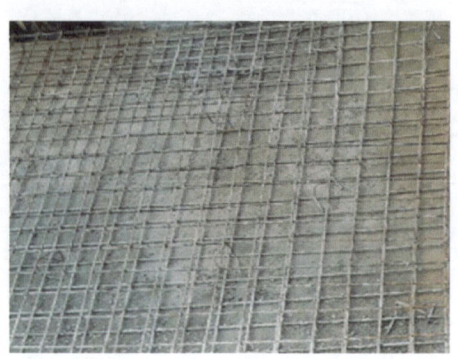

污油池混凝土浇筑前,垫层顶面积水未清除干净。
不符合:GB 50666—2011《混凝土结构工程施工规范》中第8.3.1条规定:浇筑混凝土前,应清除模板内和垫层上的杂物。

整改前	整改后

混凝土现场拌和砂、石料未计量,无称重记录,混凝土质量不受控。
不符合:GB 50666—2011《混凝土结构工程施工规范》中第7.4.2条、第7.4.4条规定。

整改前	整改后

进出黏土多孔砖翘曲、缺棱掉角、表面裂纹较多,外观质量差,施工单位未自检验收。
不符合:GB/T 13544—2011《烧结多孔砖和多孔砌块》中第5条规定。

整改前	整改后

围墙砖砌体拉结筋不合格,出墙长度实测为500mm(规定不小于1000mm),末端弯钩角度为135°(规定为90°)。
不符合:GB 50924—2014《砌体结构工程施工规范》中第6.2.5条规定。

整改前	整改后

围墙砖砌体,砌筑砂浆不饱满,局部"透明缝"严重。
不符合:GB 50924—2014《砌体结构工程施工规范》中第6.2.13条规定。

整改前	整改后

(1)基础砖砌体马牙槎做法为先进后退。
(2)基础构造柱模板安装前,柱根建筑垃圾未清理。
不符合:(1)GB 50204—2015《混凝土结构工程施工质量验收规范》中第4.2.3条规定。
(2)11G329—2"建筑物抗震构造详图"第13页1-1做法要求。

整改前	整改后

混凝土面存在蜂窝、麻面超过同侧面积的1%。
不符合:SY/T 4218—2018《石油天然气建设工程施工质量验收规范 油气输送管道跨越工程》中第4.7.10条规定:蜂窝、麻面不应超过同侧面积的1%。

整改前	整改后

砖柱水平灰缝和竖向灰缝饱满度低于90%。

不符合:GB 50203—2011《砌体结构工程施工质量验收规范》中第5.2.2条规定:砌体灰缝砂浆应密实饱满,砖墙水平灰缝的砂浆饱满度不得低于80%;砖柱水平灰缝和竖向灰缝饱满度不得低于90%。

整改前	整改后

卫生间隔墙砌体预留管沟洞口过梁与120mm、240mm砖砌墙搭接长度过小。

不符合:建筑工程标准图集02J6331《地沟及盖板》第48页中关于搭接长度的规定。

整改前	整改后

砌体水平灰缝厚度及竖向灰缝宽度不符合规范要求,超出允许误差范围。

不符合:GB 50203—2011《砌体结构工程施工质量验收规范》中第5.3.2条规定:砖砌体的灰缝应横平竖直,厚薄均匀,水平灰缝厚度及竖向灰缝宽度宜为10mm,但不应小于8mm,也不应大于12mm。

整改前	整改后
	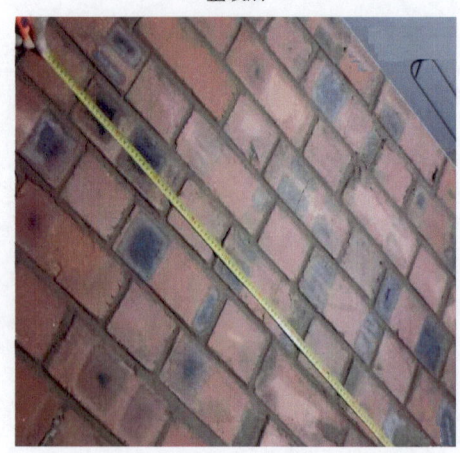

竖向灰缝有瞎缝、假缝。
不符合:GB 50203—2011《砌体结构工程施工质量验收规范》中第5.1.12条规定:竖向灰缝不应出现瞎缝、透明缝和假缝。

整改前	整改后

运送砖块或传递工具采取抛扔的方式。
不符合:GB/T 50484—2019《石油化工建设工程施工安全技术标准》中第7.9.5条规定:高处作业时,工具和材料应放置稳妥,不得上下抛掷。每层砌筑完成准备提升时,应将平台上剩余材料清运至地面。

整改前	整改后

钢筋主筋数量与设计不符,四个基础每个均缺少1道20mmHRB400钢筋。
不符合:GB 50204—2015《混凝土结构工程施工质量验收规范》中第5.2.1条(强制性条文)规定:钢筋安装时,受力钢筋的品种、规格、数量必须符合设计要求。

整改前	整改后

钢筋搭接方式未按设计要求进行5d满焊或10d单面焊,擅自采用绑扎的方式。

不符合:(1)GB 50204—2015《混凝土结构工程施工质量验收规范》中第5.4.3条(强制性条文)规定:钢筋的连接方式、接头位置和接头质量应符合设计要求。当设计无具体要求时,应符合下列规定:焊接接头或机械连接接头优先采用,绑扎搭接接头仅在允许范围内使用。

(2)GB 50204—2015中第5.4.5条规定:焊接接头的类型(如满焊、单面焊)及焊缝长度必须符合设计要求,不得擅自变更。

整改前	整改后

压缩机基础钢筋安装施工过程中未按设计图结-14414/12节点做法⑧进行施工。

不符合:图纸设计图结-14414/12中规定。

整改前	整改后

基础梯梁楼梯滑动支座底部钢筋安装异型箍未做135°弯钩,且箍筋加工尺寸不满足设计要求。

不符合:设计结-13194/18中规定。

整改前	整改后

储罐罐区脚手架搭设未按要求设置剪刀撑。

不符合：JGJ 130—2011《建筑施工扣件式钢管脚手架安全技术规范》中第6.6.1条规定：双排脚手架应设置剪刀撑与横向斜撑，单排脚手架应设置剪刀撑。

整改前	整改后

铁艺围墙基础垫层混凝土浇筑厚度实测为50~60mm。

不符合：设计方案（三）XKS1802-128中规定：围墙基础垫层150mm厚C15混凝土。

整改前	整改后

搅拌机未按要求搭设防护棚。

不符合：JGJ 59—2011《建筑施工安全检查标准》中第3.19条规定：搅拌机应按规定设置作业棚，并应具有防雨、防晒等功能。

整改前	整改后

值班工作房外排架搭设的脚手架纵向、横向扫地杆设置不符合要求。

不符合：JGJ 130—2011《建筑施工扣件式钢管脚手架安全技术规范》中第6.3.2条规定：纵向扫地杆应采用直角扣件固定在距钢管底端不大于200mm处的立杆上，横向扫地杆应采用直角扣件固定在紧靠纵向扫地杆下方的立杆上。

整改前	整改后

现场搭设脚手外架缺少抛撑。

不符合：JGJ 130—2011《建筑施工扣件式钢管脚手架安全技术规范》中第7.3.3.2条规定：脚手架开始搭设立杆时，应每隔6跨设置一根抛撑，直至连墙件安装稳定后，方可根据情况拆除。

整改前	整改后

现场毛石混凝土挡土墙基础支模时竖向模板抗侧移措施不到位，混凝土存在胀模现象。

不符合：GB 50204—2015《混凝土结构工程施工质量验收规范》中第4.4.5条规定：安装模板时，应进行测量放线，并应采取保证模板位置准确的定位措施。对竖向构件的模板及支架，应根据混凝土一次浇筑高度和浇筑速度，采取竖向模板抗侧移、抗浮和抗倾覆措施。对水平构件的模板及支架，应结合不同的支架和模板面板形式，采取支架间、模板间及模板与支架间的有效拉结措施。

整改前	整改后

储罐基础环梁钢筋安装时,受力钢筋的数量不符合设计要求。
不符合:设计要求。

整改前	整改后
	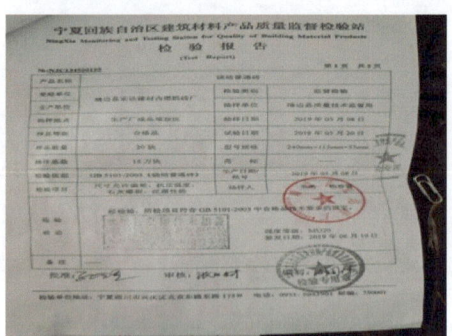

砌砖质量较差,未提供产品合格证及检验报告。
不符合:GB 50203—2011《砌体结构工程施工质量验收规范》中第3.0.1条规定:砌体结构工程所用的材料应有产品的合格证书、产品性能型式检测报告,质量符合国家现行有关标准。

整改前	整改后

现场检查发现值班房主体砌筑为单排脚手架。
不符合:GB/T 50484—2019《石油化工建设工程施工安全技术标准》中第6.1.1条规定。

整改前	整改后

配电室主体砖砌筑,预留配电箱洞口大于300mm,未设置钢筋混凝土过梁(现场检查洞口尺寸为500mm)。
不符合:GB 50203—2011《砌体结构工程施工质量验收规范》中第3.0.11条规定。

整改前	整改后

配电室主体用砖砌筑,门窗洞口未预埋木砖。
不符合:"门窗工程施工技术要求"中第1.1条规定。

整改前	整改后

站内辅助用房构造柱上部箍筋安装未按设计、标准进行加密。
不符合:设计文件结-8884/13第九章中第2.5条规定:构造柱上下两端加密按16G101-1图集要求设置,未按16G101-1图集第65页中净高/6、截面最大宽度、500三个数值最大值设置的,应设置箍筋加密区。

整改前	整改后

	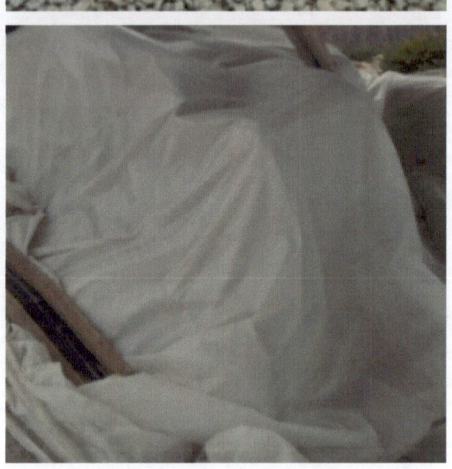

(1)进场的用于混凝土拌制的石料未进行材料进场报验,内含有大量泥沙,且多为沉积岩、风化岩、砂岩。
(2)保障点水泥存放未进行防雨、防潮措施。
不符合:(1)GB 50204—2015《混凝土结构工程施工质量验收规范》中第7.2.6条规定。
(2)GB 50666—2011《混凝土结构工程施工规范》中第7.2.10条规定。

整改前	整改后

采出水处理间外墙抹灰搭设的脚手架的架板未固定,局部位置脚手架架板存在跷跷板现象,部分拦腰杆已拆除。
不符合:JGJ 130—2011《建筑施工扣件式钢管脚手架安全技术规范》中第3.3.3条、第6.2.1条规定。

整改前	整改后

临时输油系统改造工程设备基础混凝土养护不到位,出现裂缝。
不符合:GB 50204—2015《混凝土结构工程施工质量验收规范》中第8.1.2条规定。

整改前	整改后

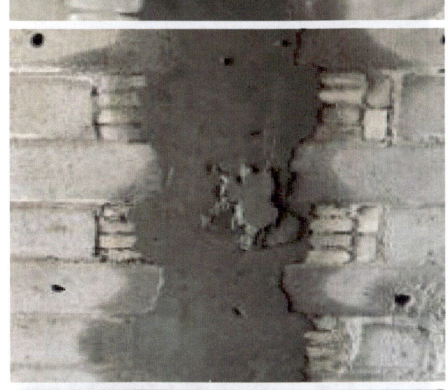	
	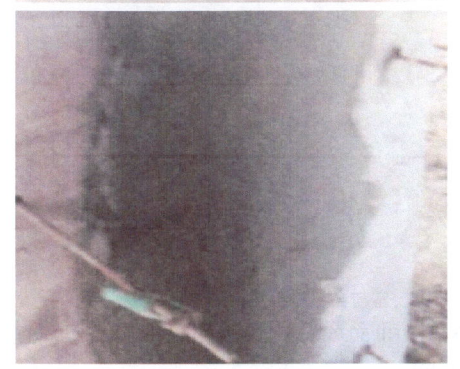

整改前	整改后

一层砌体构造柱五处出现漏筋、裂缝、蜂窝、孔洞的现象。
不符合:GB 50204—2015《混凝土结构工程施工质量验收规范》中第8.2.1条规定:现浇结构的外观质量不应有严重缺陷。

整改前	整改后

一层办公室与会议室窗户四处预留筋被切断。
不符合:GB 50367—2013《混凝土结构加固设计规范》中第3.1.8条规定:未经技术鉴定或设计许可,不得改变加固后结构的用途。

整改前	整改后

一层中部楼梯口墙体破裂(成品保护不到位)。
不符合:GB 55007—2021《砌体结构通用规范》中第5.1.10条规定:承重墙体使用的小砌块应完整、无缺损、无裂缝。

整改前	整改后

注水泵房KZ钢筋安装时箍筋加密区不够。
不符合:22G101-1《混凝土结构施工图平面整体表示方法制图规则和构造详图(现浇混凝土框架、剪力墙、梁、板)》第2-12页中相关规定。

整改前	整改后
	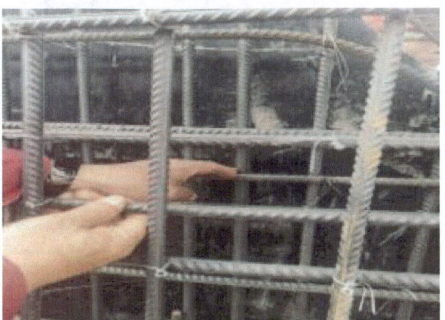

$300m^3$原水罐排污口处环梁钢筋绑扎未加洞口附加筋。
不符合:图纸设计要求。

整改前	整改后

电控橇、250GFZ-T天然气发电机组基槽土方开挖外围土方堆放不足1m。

不符合：SY/T 6444—2018《石油工程建设施工安全规范》中第5.2.3.9条规定：在基坑（槽）、管沟边沿1m范围内不应放置土石、材料及车辆、设备等。

整改前	整改后

污泥池基坑开挖深度为5m，开挖时未按设计要求放坡，且基坑周边未做安全防护，未设安全通道，存在安全隐患。

不符合：(1)GB 50202—2018《建筑地基基础工程施工质量验收标准》中第9.2.4条规定。

(2)JGJ 59—2011《建筑施工安全检查标准》中第3.13条第4款规定。

整改前	整改后

菜窖部分主体砌筑采用门式钢管脚手架,底部垫砖块。
不符合:JGJ 130—2011《建筑施工扣件式钢管脚手架安全技术规范》中第7.3.2条规定:应校正步距、纵距、横距及立杆的垂直度。

整改前	整改后

宿舍楼施工现场安全通道设立不到位。
不符合:JGJ 59—2011《建筑施工安全检查标准》中第3.3.3条规定。

整改前	整改后
	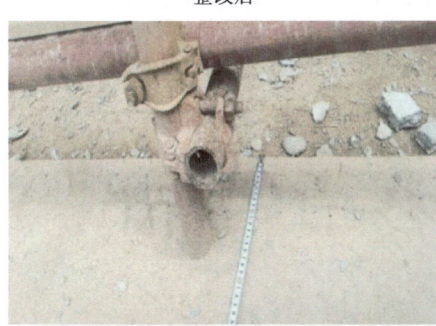

二层宿舍满堂架垫板现场采用宽度、长度均为100mm,厚度为12mm的模板,局部未搭设扫地杆,未搭设剪刀撑、斜撑。

不符合:JGJ 130—2011《建筑施工扣件式钢管脚手架安全技术规范》中第7.3.3条、第6.3.2条、第6.9.3条规定。

| 整改前 | 整改后 |

(1)现场脚手架搭设使用垫板规格尺寸不合格。
(2)部分架管端头伸出扣件长度小于100mm。
(3)部分架杆未设置横向、纵向扫地杆。

不符合:(1)JGJ 130—2011《建筑施工扣件式钢管脚手架安全技术规范》中第7.3.3条规定。
(2)JGJ 130—2011《建筑施工扣件式钢管脚手架安全技术规范》中第7.3.11条规定。
(3)JGJ 130—2011《建筑施工扣件式钢管脚手架安全技术规范》中第6.3.2条规定。

| 整改前 | 整改后 |

安装时,注水泵房、水处理工棚基础钢筋出现不同程度的老锈。

不符合:GB 50666—2011《混凝土结构工程施工规范》中第5.3.1条规定:钢筋加工前应将表面清理干净,表面有颗粒状、片状老锈或有损伤的钢筋不得使用。

整改前	整改后

搭设门岗房脚手架时,立杆间距过大。
不符合:JGJ 130—2011《建筑施工扣件式钢管脚手架安全技术规范》中第7.3条规定。

整改前	整改后

一层现浇板模板支撑脚手架水平杆搭设间距不符合要求,未设置扫地杆,架体稳定性较差。
不符合:JGJ 130—2011《建筑施工扣件式钢管脚手架安全技术规范》中第6.8.1条规定。

10.3 电线、电缆建设

整改前	整改后

电缆沟两侧支架只做一处,电缆沟及直埋电缆电力电缆及通信电缆间距不足,未分侧分层敷设。
不符合:设计图纸电-26524/明中第3.8.2条规定:自控控制电缆及通信电缆与电力电缆在电缆沟内应分侧分层敷设。

整改前	整改后

导管支架安装不牢固、存在明显扭曲。

不符合:GB 50303—2015《建筑电气工程施工质量验收规范》中第12.2.2条规定:导管支架安装应符合下列规定:导管支架应安装牢固、无明显扭曲。

整改前	整改后
	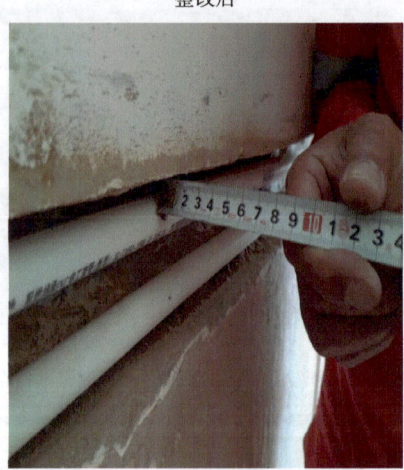

在砌体上剔槽埋设塑料导管时,采用强度等级不小于M10的水泥砂浆抹面保护,保护层厚度小于15mm。

不符合:GB 50303—2015《建筑电气工程施工质量验收规范》中第12.1.3条规定:当塑料导管在砌体上剔槽埋设时,应采用强度等级不小于M10的水泥砂浆抹面保护,保护层厚度不应小于15mm。

整改前	整改后

场站内电缆敷设电缆沟内淤泥未进行清理,电缆敷设下部未铺不小于100mm厚的软土砂层,电缆就已敷设电缆沟内。

不符合:GB 50168—2018《电气装置安装工程 电缆线路施工及验收标准》中第6.2.6条规定:直埋电缆上下部应铺不小于100mm厚的软土砂层,并应加保护板,其覆盖宽度应超过电缆两侧各50mm,保护板可采用混凝土盖板或砖块。

整改前	整改后

直埋电缆在计量分离器区与地下燃气管道交叉敷设,安全距离不足0.5m,且未做隔离措施。

不符合:GB 50168—2018《电气装置安装工程 电缆线路施工及验收标准》中第6.2.4条规定:当设计无要求时,未采取隔离或防护措施时,电缆间距应符合表6.2.3的规定,电缆与可燃气体易燃液体管道最小净距不得小于0.5m。

整改前	整改后

光缆与电力线交越时未做防强电、防雷保护措施。

不符合:SY/T 4217.2—2018《石油天然气建设工程施工质量验收规范 通信工程 第2部分:通信光缆架空线路工程》中第13.1.3条规定:光缆与电力线交越时未做防强电、防雷保护措施。

整改前	整改后

配电箱安装底座烧伤。

不符合:GB 50303—2015《建筑电气工程施工质量验收规范》中第5.2.3条规定。

整改前	整改后

电杆基坑回填未夯实回填，每层回填300～400mm。

不符合：GB 50173—2014《电气装置安装工程66kV及以下架空电力线路施工及验收规范》中第4.0.6条规定（基坑回填要求）：电杆基坑回填土应分层夯实，每层回填厚度不宜超过300mm，夯实后的密实度应达到原状土的90%以上。

整改前	整改后

临时输油系统改造工程输油泵房外输泵电缆埋深不足1m。

不符合：参考图纸"第三采油厂标准化临时输油系统建设工程"电–1698/明中第4.1条规定：电缆埋深为冻土层以下0.1m的要求。

10.4　道路建设

整改前	整改后

土路肩多处出现水毁现象。

不符合：不符合SY/T 4210—2017《石油天然气建设工程施工质量验收规范　道路工程》中第39.3.1条、第39.3.3条规定。

整改前	整改后

现场涵洞施工使用的水泥为32.5R,与取样送检42.5R不一致。
不符合:SY/T 4210—2017《石油天然气建设工程施工质量验收规范　道路工程》中第13.4.1条规定。

整改前	整改后

原路面就地冷再生底基层施工表面有明显轮迹,不密实。
不符合:SY/T 4210—2017《石油天然气建设工程施工质量验收规范　道路工程》中第35.3.2条规定。

整改前	整改后

原路基有翻浆现象。
不符合:JTG/T 3610—2019《公路路基施工技术规范》中第4.1.3条规定。

整改前	整改后

现场检查路缘石基槽开挖尺寸实测深度为230mm、底宽为270mm,与施工设计深度为330mm、底宽为375mm不相符。
不符合:施工图"人行道铺装设计图/SⅢ-7"标准要求。

整改前	整改后

道路压实度达不到要求。
不符合:SY/T 4210—2017《石油天然气建设工程施工质量验收规范 道路工程》中第33.2.2条规定。

整改前	整改后

进站道路路基垫层砂砾施工时,所用砂砾中掺有部分建筑垃圾且砂砾粒径大于5cm。
不符合:设计图纸SI-1.三.5条的规定。

10 场站建设

整改前	整改后

进站道路基层未处理就直接浇筑混凝土,站内道路3:7灰土拌和白灰掺量不足。
不符合:设计图纸建-35686/1及图纸会审意见答复第6条规定。

10.5 管件尺寸

整改前	整改后

现场室内照明配电箱电源电缆穿线管使用PVC25规格。
不符合:图纸设计PVC40规格的要求。

整改前	整改后

污水污泥池放空管线及加热炉烟囱拉绳U形卡设置个别数量不足。

不符合:GB/T 5976—2006《钢丝绳夹》中附录A.2规定:每一连接处所需钢丝绳夹的最少数量:钢丝绳公称直径 $d \leqslant 18mm$,钢丝绳夹最少数量3个。

10.6　设备、材料的运输、堆放和清理

整改前	整改后

现场法兰印有钢印HG/T 20615,经与项目组核实,2020年井口安装法兰执行标准为HG/T 20592～20635—2009《钢制管法兰、垫片、紧固件》,该批法兰未做清退处理或单独存放。

不符合:SY/T 4203—2019《石油天然气建设工程施工质量验收规范　站内工艺管道工程》中第4.2.1条规定。

整改前	整改后

进场的岩棉板未采取保护措施,露天堆放,已被雨水打湿。

不符合:GB 50126—2008《工业设备及管道绝热工程施工规范》中第3.3.2条、第3.3.3条规定。

整改前	整改后

二层平台不锈钢管与碳钢混乱堆放,无清晰标记或标识,现场法兰无防雨措施,导致返锈严重。

不符合:GB 50540—2009《石油天然气站内工艺管道工程施工规范(2012年版)》中第4.3.2条规定:管道组成件及管道支撑件在施工过程中应妥善保管,不得混淆或损坏,其色标或标记应明显清晰,材质为不锈钢、有色金属的管道组成件及管道支撑件,在储存期间不得与碳钢接触,暂时不能安装的管道应封闭管口。

整改前	整改后

(1)在多处施工现场堆放的环氧粉末防腐管在雨季未做防雨、防潮措施。
(2)已经完成组对焊接的管线剩余的环氧粉末防腐管未及时回收,长期在野外堆放,导致环氧粉末防腐层变色损坏,管材锈蚀。

不符合:(1)GB 50819—2013《油气田集输管道施工规范》中第4.7条规定。
(2)SY/T 4204—2019《石油天然气建设工程施工质量验收规范 油气田集输管道工程》中第4.2.1条规定。

整改前	整改后

$200m^3$储罐清扫孔底板与储罐底板搭接长度小于60mm,且搭接部位未按设计要求进行处理,要求返工处理。
不符合:设计图纸要求。

整改前	整改后

运输过程中电缆绝缘层、铠装层、内绝缘层均磨损,检查不合格,清理出场。
不符合:GB 50168—2018《电气装置安装工程 电缆线路施工及验收标准》中第4.0.4条第3款规定。

整改前	整改后

材料堆放混乱,保护不到位。
不符合:施工组织设计的相关要求。

整改前	整改后

施工现场材料、设备、构配件堆放混乱,未采取有效成品保护措施。
不符合:JGJ 59—2011《建筑施工安全检查标准》中第3.2.3条第4款规定。

整改前	整改后

现场材料混乱堆放。

不符合：JGJ 59—2011《建筑施工安全检查标准》中第3.2.3条规定。

整改前	整改后

施工现场中间部位土方大量堆积，无隔离措施，要求对裸露土方进行覆盖。木工加工棚处方木、胶合板堆放零乱；木工作业区中圆锯无防护设施，无接地。

不符合：(1)JGJ 59—2011《建筑施工安全检查标准》中第3.2.3条规定。

(2)GB 55034—2022《建筑与市政施工现场安全卫生与职业健康通用规范》中第3.6.3条规定：机械上的各种安全防护装置、保险装置、报警装置应齐全有效，不得随意更换、调整或拆除。

整改前	整改后

库房杂乱，现场油漆、汽油、防火涂料随意摆放，无专用存放处。

不符合：《危险化学品安全管理条例》中第13条、第24条规定。

整改前	整改后

管廊防腐作业时,未清理钢材表面泥土。
不符合:设计图纸腐-26966/明中第5.1.2规定。

10.7 人员管理和操作规范

整改前	整改后
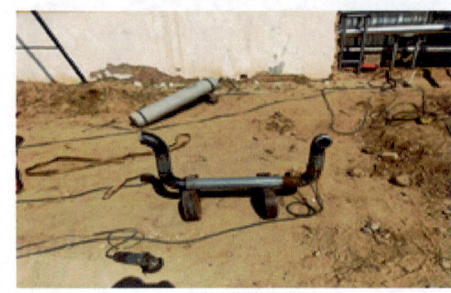	

焊工未考试合格就上岗实施作业,焊工所从事的工作范围与资质证书不符。
不符合:《中国石油天然气集团公司工程建设项目焊工准入管理规定》中第二十七条规定:未获得准入管理机构颁发的"进场施焊准入证"的焊工,不得进入规定工程建设项目的施工现场进行焊接施工作业。

整改前	整改后

进场的2具卸水罐、2具净化水罐、2具外输水泵现无法提供合格证和质量证明文件等资料。
不符合:GB 50235—2010《工业金属管道工程施工规范》中第3.2.1条规定:管道元件和焊接材料必须具有制造厂的质量证明文件,其质量不得低于国家现行标准。

整改前	整改后
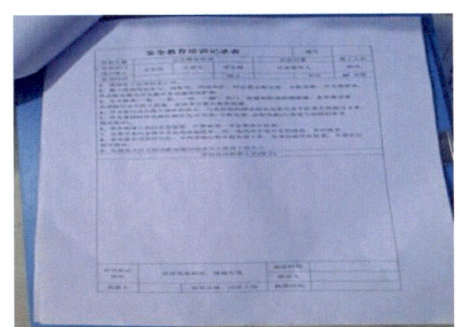	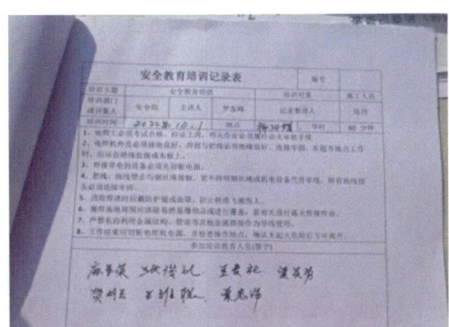

未按要求对钢筋绑扎等作业人员进行安全技术交底。

不符合:SY/T 6444—2018《石油工程建设施工安全规范》中第4.1.4条规定:施工单位应在作业前对作业人员进行危害告知和安全技术交底。作业人员应了解本岗位风险及控制措施,并掌握应急处理和紧急救护方法。

整改前	整改后

氧气与乙炔软管存在相互混用和代用现象。

不符合:(1)SY/T 6444—2018《石油工程建设施工安全规范》中第5.5.3条规定:氧气、乙炔软管的使用,应遵守下列规定:氧气软管应为蓝色,乙炔软管应为红色,不应混用。鼓泡、漏气、老化的软管应更换或切除。破损氧气软管严禁用带油脂的材料包扎。

(2)GB/T 50484—2019《石油化工建设工程施工安全技术标准》中第9.3.11条规定:输送氧气、乙炔的胶管应用不同颜色区分,胶管不得鼓泡、破裂,胶管接头应采用管卡固定,连接要严密,不得漏气。

整改前	整改后

T08焊接施工现场吊带破损。

不符合:GB/T 50484—2019《石油化工建设工程施工安全技术标准》中第5.2.26条规定:吊装带应按产品使用说明书规定的技术参数使用,吊装带使用前应对外观进行检查,有破损的吊装带不得使用。

整改前	整改后
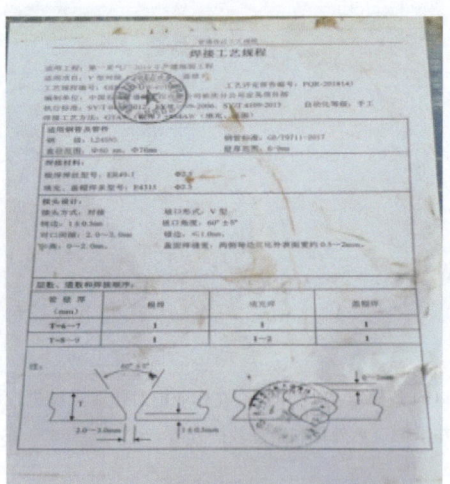	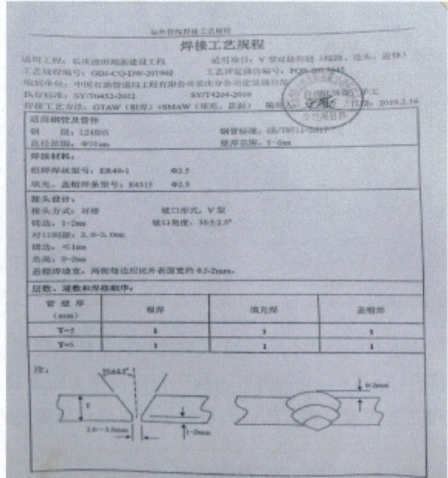

现场"三检制"未落实，没有查到相关记录，不符合已批准的质量计划；焊接工艺规程与现场实际不符；现场管材堆放混乱。

不符合：GB 50819—2013《油气田集输管道施工规范》中第9.1.3条规定及已批准的施工组织设计规定。

整改前	整改后

进场材料未报验，擅自使用。

不符合：GB 50300—2013《建筑工程施工质量验收统一标准》中第3.0.3条规定：建筑工程的施工质量控制应符合下列规定：

建筑工程采用的主要材料、半成品、成品、建筑构配件、器具和设备应进行进场检验。凡涉及安全、节能、环境保护和主要使用功能的重要材料、产品，应按各专业工程施工规范、验收规范和设计文件等规定进行复验，并应经监理工程师检查认可。

各施工工序应按施工技术标准进行质量控制，每道施工工序完成后，经施工单位自检符合规定后，才能进行下道工序施工。各专业工种之间的相关工序应进行交接检验，并应记录。

对于监理单位提出检查要求的重要工序，应经监理工程师检查认可，才能进行下道工序施工。

整改前	整改后

现场封闭管理措施不到位，未设置门卫值班室。

不符合：JGJ 59—2011《建筑施工安全检查标准》中第3.2.3条第2款规定。

整改前	整改后

现场施工人员未劳保上岗，未正确佩戴安全帽。

不符合：《标准化工地管理手册》中第1.5.2条规定。

整改前	整改后

(1)施工现场无技术管理人员。

(2)沟下作业沟边土堆距沟边安全距离不足1m。

(3)氧气瓶与乙炔气瓶、氩气瓶安全距离小于5m。

不符合:(1)GB/T 50319—2013《建设工程监理规范》中第3.1.1条规定:施工现场应配备与工程规模、技术难度相匹配的专业技术管理人员,负责施工方案实施和技术交底。

(2)GB/T 50484—2019《石油化工建设工程施工安全技术标准》中第5.4.3条规定(强制性条文):沟槽开挖时,堆土距沟边不应小于1.5m,堆土高度不得超过1.5m,且不得掩埋消火栓、检查井等设施。

(3)SY/T 6444—2018《石油工程建设施工安全规范》中第5.5.2(a)条规定:氧气瓶与切割气体气瓶间距不宜小于5m,且不得同车运输。

整改前	整改后

现场管理混乱、野蛮施工，消防水池套管预埋，人为随意烧割钢筋造成预埋套管周围配筋长度偏差-200mm，导致质量隐患。

不符合：上古天然气处理总厂前线生产保障点工程"施工组织设计"的有关成品保护管理规定。

10.8 垃圾清理与环境保护

整改前	整改后
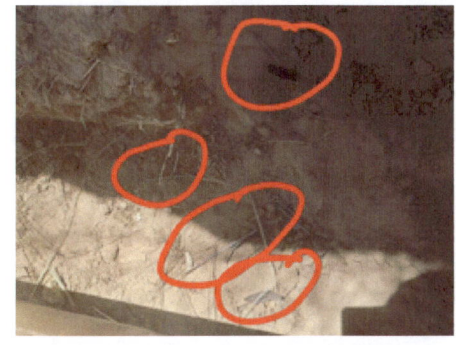	

焊条头未集中收集处理，存在环境污染的风险。

不符合：GB/T 50484—2019《石油化工建设工程施工安全技术标准》中第3.2.7条规定：施工现场的施工垃圾、生活垃圾应分类存放，并清运到指定地点。

整改前	整改后

施工现场多处施工垃圾未及时收集处理。

不符合：GB/T 50484—2019《石油化工建设工程施工安全技术标准》中第3.2.7条规定：施工现场的施工垃圾、生活垃圾应分类存放，并清运用具到指定地点。

11 施工建设安全

本章强调了施工建设安全的重要性,从用电安全、消防安全、施工防护安全及警戒标识等方面提出了具体要求和措施。施工建设安全是管道工程顺利进行的基础和保障。本章的目的在于提高施工人员的安全意识,加强安全管理,预防和减少安全事故的发生,确保管道工程的顺利进行和人员的生命安全。

11.1 用电安全

整改前	整改后

临时用电线缆未埋地或架空。

不符合:JGJ/T 46—2024《建筑与市政工程施工现场临时用电安全技术标准》中第6.2.3条规定:电缆线路应采用埋地或架空敷设,并应避免机械损伤和介质腐蚀。埋地电缆路径应设标识桩。

整改前	整改后

(1)四孔法兰未进行跨接。
(2)站内防爆控制箱均未接地。
(3)站内接地不规范,部分接地扁铁未设置断接卡、保护套管未用防爆胶泥封堵。
(4)2座投光灯未接地。
(5)接地线进场硬化地面未穿管保护。
(6)设备电机泵未做接地。

不符合:(1)设计图纸电 27406/明中第 3.9.6 条规定。

(2)设计图纸电 27406/明中第 3.9.4 条规定。

(3)设计图纸电 27406/明中第 3.9.9 条规定。

(4)GB 55024—2022《建筑电气与智能化通用规范》中第 8.5.3.2 条规定:Ⅰ类灯具的外露可导电部分必须与保护接地导体可靠连接,连接处应设置接地标识。

(5)设计图纸电 27406/明中第 3.9.3 条规定。

(6)设计图纸电 27406/明中第 3.9.4 条规定。

整改前	整改后

现场检查发现临时用电配电箱至地面电缆未穿管保护。

不符合:JGJ/T 46—2024《建筑与市政工程施工现场临时用电安全技术标准》中第 4.1.15 条规定:配电箱、开关箱的进出线口应配置固定线卡,进出线应加绝缘护套并成束卡固在支架上,不得与箱体直接接触。移动式配电箱、开关箱的进出线应采用橡皮护套绝缘电缆,不得有接头。

整改前	整改后

整改前	整改后

(1)电源线为6mm,不能满足料场电气设备的供电负荷要求。

(2)现场开关箱无名称、用途、分路标记、系统接线图,开关箱门未配锁,未明确负责人员。

(3)所有电气设备未做接地线。

(4)所有电气设备、电缆未加保护套,且沿地明敷设。

(5)电缆架空采用铁管支撑,且无任何绝缘措施。

(6)临时配电箱未安装漏电保护器。

不符合:(1)JGJ/T 46—2024《建筑与市政工程施工现场临时用电安全技术标准》中第10.1.1条规定:施工现场临时用电设备在5台及以上或设备总容量在50kW及以上者,应编制用电组织设计。

(2)JGJ/T 46—2024中第4.3.1条、第4.3.2条规定:配电箱、开关箱应有名称、用途、分路标记及系统接线图。配电箱、开关箱箱门应配锁,并由专人负责。

(3)JGJ/T 46—2024中第6.2.3条规定:电缆线路应采用埋地或架空敷设,严禁沿地面明设,并应避免机械损伤和介质腐蚀。埋地电缆路径应设方位标识。

(4)JGJ/T 46—2024中第6.2.9条规定:架空电缆应沿电杆、支架或墙壁敷设,并采用绝缘子固定,绑扎线必须采用绝缘线,固定点间距应保证电缆能承受自重所带来的荷载,敷设高度应符合本规范第7.1节架空线路敷设高度的要求,但沿墙壁敷设时最大弧垂距地不得小于2.0m。架空电缆严禁沿脚手架、树木或其他设施敷设。

(5)JGJ/T 46—2024中第6.2.3条规定:漏电保护器时装设在总配电箱、开关箱靠近负荷的一侧,且不得用于启动电气设备的操作。

(6)GB 50169—2016《电气装置安装工程 接地装置施工及验收规范》中第2.0.6条规定:将电力系统或建筑物电气装置、设施、过电压保护装置用接地线与接地极连接。

11 施工建设安全

整改前	整改后

室内BV电线穿线管敷设施工中,线色未按规范要求进行区分。

不符合:GB 50327—2001《住宅装饰装修工程施工规范》中第16.1.4条规定。

整改前	整改后

电气受电后作业未严格执行开关、闸刀隔离及悬挂警示牌和上锁等要求。

不符合:(1)SY/T 6444—2018《石油工程建设施工安全规范》中第5.3.8.2条规定:任何电气作业,在未确定无电以前,一律视为有电。电气作业时,操作人员不应小于2人。

(2)SY/T 6444—2018 中第5.3.8.8条规定:电气试验时,应遵守下列规定:电力传动系统及各种高低压开关调试时,应将有关的开关手柄取下或上锁,悬挂警告牌。

(3)SY/T 6444—2018 中第5.3.8.9条规定:投电调试时,应遵守下列规定:变配电所的动力柜、配电盘等电气设备送电后应及时挂牌上锁,严禁无关人员随意触碰。

整改前	整改后

集气站工程施工现场钢筋加工棚电线混乱。

不符合:SY/T 6444—2018《石油工程建设施工安全规范》中第5.2.5.1条规定:钢筋预制宜在加工棚内进行,地面应平整。电缆应有防护措施。

整改前	整改后

现场配电箱未做接地。

不符合：Q/SY 1244—2009《临时用电管理规范》中第5.4.2条规定：临时用电应设置保护开关，使用前应检查电气装置和保护设施。所有的临时用电都应设置接地保护，接地电阻值应满足JGJ/T 46—2024《建筑与市政工程施工现场临时用电安全技术标准》的要求，接地线和接零线应分开设置。

整改前	整改后

现场一级配电箱处堆积大量竹架板、方木等杂物，无操作通道，存在安全隐患。

不符合：JGJ/T 46—2024《建筑与市政工程施工现场临时用电安全技术标准》中第6.1.4条规定：配电室布置应符合下列要求：配电柜正面的操作通道宽度，单列布置或双列背对背布置不小于1.5m，双列面对面布置不小于2m；配电柜后面的维护通道宽度，单列布置或双列面对面布置不小于0.8m，双列背对背布置不小于1.5m，个别地点有建筑物结构凸出的地方，则此点通道宽度可减少0.2m；配电柜侧面的维护通道宽度不小于1m。

整改前	整改后

（1）一级配电箱无分路标识。
（2）配电箱无定期检（复）查表。

不符合：(1)GB 50194—2014《建设工程施工现场供用电安全规范》中第6.3.18条规定：配电箱应有名称、编号、系统图及分路标记。
(2)JGJ/T 46—2024《建筑与市政工程施工现场临时用电安全技术标准》中第3.4.7条规定：定期检（复）查表。

11 施工建设安全

整改前	整改后

电25-电31杆段放、紧线过程中,导线在地面上拖拉,且牵引线头无专人看护。
不符合:GB 50173—2014《电气装置安装工程66kV及以下架空电力线路施工及验收规范》中第8.1.7条规定:放、紧线过程中,导线不得在地面、杆塔、横担、架构绝缘子及其他物体上拖拉,对牵引线头应设专人看护。

整改前	整改后
 	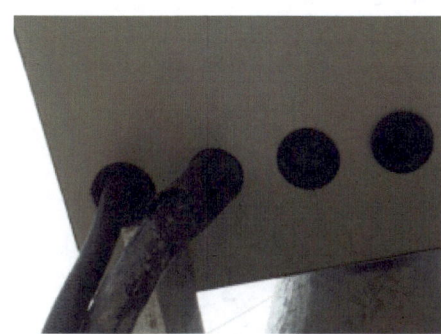

低压交流配电箱、计量箱进出线孔洞未封堵。
不符合:GB 50173—2014《电气装置安装工程66kV及以下架空电力线路施工及验收规范》第10.1.8条规定:低压交流配电箱进出线孔洞应封堵。

整改前	整改后
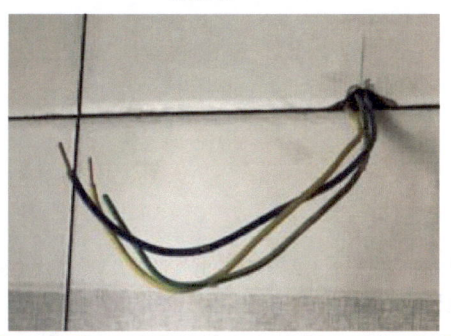	

部分卫生间及应急照明出线未穿管保。

不符合:图纸SJ18-21中第5.2条规定:使用图中所有BV-0.45/0.75型绝缘线,穿PVC管暗敷。

整改前　　　　　　　　　　　　　　　　整改后

临时用电无插头,一拖三。

不符合:DL 5009.2—2013《电力建设安全工作规程　第2部分:电力线路》中第3.2.3.8条规定:不得将电线直接钩挂在闸刀上,或直接插入插座内使用。电动机械和工具应做到"一机一闸一保护",不得一个开关或一个插座接两台及以上电气设备或电动工具。

整改前　　　　　　　　　　　　　　　　整改后

电焊机和切割机铜线裸露。

不符合:GB/T 50484—2019《石油化工建设工程施工安全技术标准》中第8.4.3条规定:电气设备及导线的绝缘部分破损或带电部分外漏时不得使用。电气设备及线路在运行中出现异常时,应切断电源进线检修,不得带故障运行。

整改前	整改后

现场临时住房无接地,户外照明线路未使用户外线,户外配电箱内有杂物,配电箱接地不规范。
不符合:GB/T 50484—2019《石油化工建设工程施工安全技术标准》中第4.3.1条、第4.7.3条、第4.7.9条规定。

整改前	整改后

施工现场临时用电不规范,配电箱热继电器连接电缆未压接接线卡,电缆进出线无保护管,配电箱接地不规范,起不到保护作用。
不符合:SH/T 3556—2015《石油化工工程临时用电配电箱安全技术规范》中规定。

整改前	整改后

施工现场配电箱的出线使用BV电线,未采用橡皮护套绝缘电缆。
不符合:(1)GB/T 50484—2019《石油化工建设工程施工安全技术标准》中第3.2.8条规定。
(2)SY/T 6444—2018《石油工程建设施工安全规范》中第5.5.2条规定。

整改前	整改后

电焊机接地保护采用角钢作为接地极。
不符合：JGJ/T 46—2024《建筑与市政工程施工现场临时用电安全技术标准》中第5.2.3条规定。

整改前	整改后

临时用电线路敷设不规范（配电箱进出线无保护套管，线路未埋地敷设），配电箱未关闭上锁，存在安全隐患。
不符合：JGJ/T 46—2024《建筑与市政工程施工现场临时用电安全技术标准》中第4.1.5条和第4.3.2条规定。

整改前	整改后

电缆线混乱。
不符合：JGJ/T 46—2024《建筑与市政工程施工现场临时用电安全技术标准》第10.1.2条规定确定电源进线、变电所或配电室、配电装置、用电设备位置及线路走向。

整改前	整改后

搅拌机采用倒顺开关控制。
不符合：JGJ/T 46—2024《建筑与市政工程施工现场临时用电安全技术标准》中第7.1.5条规定。

整改前	整改后

施工现场临时用电线路乱拉乱接，现场配电箱箱门大开，且现场无任何降雨防雨措施。
不符合：JGJ 59—2011《建筑施工安全检查标准》中第3.14.4条规定。

11.2 消防安全

整改前	整改后
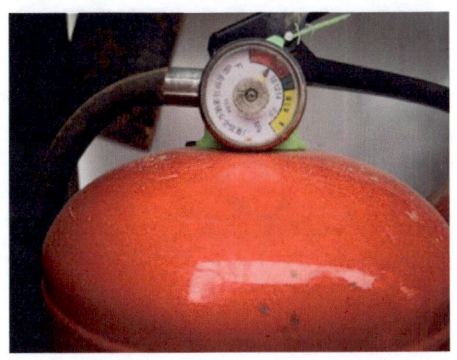	

灭火器压力不足须重新充装。
不符合：GB 50444—2008《建筑灭火器配置验收及检查规范》中第5.4.2条规定：灭火器的压力指示器指针应指向绿色区域，表明压力正常。若指针指向红色或黄色区域，必须按规定处理。

整改前	整改后
	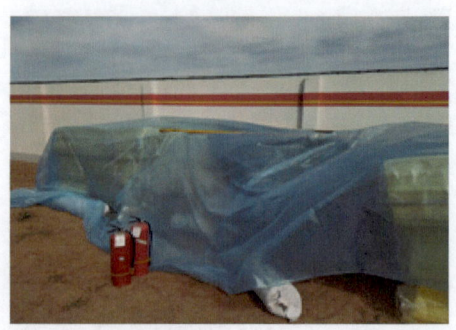

材料堆放处未放置灭火器。

不符合：GB 50720—2011《建设工程施工现场消防安全技术规范》中第5.2.1条规定：在建工程及临时用房的下列场所应配置灭火器：易燃易爆危险品存放及使用场所。动火作业场所。可燃材料存放、加工及使用场所。厨房操作间、锅炉房、发电机房、变配电房、设备用房、办公用房宿舍等临时用房。其他具有火灾危险的场所。

整改前	整改后

在油气场所作业时与运行的设备未设置防火隔离措施。

不符合：GB/T 50484—2019《石油化工建设工程施工安全技术标准》中第3.3.6条规定：施工区域与正在运行的生产装置距离不符合安全要求时，应设置防火隔离或采取局部防火措施。

整改前	整改后

木质材料堆放场地、木模板加工棚内未设置消防器材和设施。

不符合：SY/T 6444—2018《石油工程建设施工安全规范》中第5.2.6.6条规定：木模板加工作业时，应遵守下列规定：木质材料堆放场地、木模板加工棚内严禁烟火，并应配备消防器材。

整改前	整改后

现场灭火器布局配置混乱,未统一挂牌管理。
不符合:JGJ 59—2011《建筑施工安全检查标准》中第3.2.3条第6节规定。

整改前	整改后

灭火器未放置施工现场。
不符合:施工现场临时设备和作业场所防火设计要求。

11.3 施工防护安全

整改前	整改后

现场使用的气瓶无防倾倒措施,氧气、乙炔瓶安全距离为2m,距离焊接场地距离8m。
不符合:SY/T 6444—2018《石油工程建设施工安全规范》中第5.5.2条规定:气瓶应放置于距离办公和居住区域、明火作业点间距10m以上,氧气瓶与切割气体气瓶间距不宜小于5m。

整改前	整改后

过路管线顶管操作坑,坑边未做临时防护,未作警示牌和警示带,存在安全隐患。

不符合:GB/T 50484—2019《石油化工建设工程施工安全技术标准》中第7.1.10条规定。

整改前	整改后

(1)专职安全员不在岗,桩基工程施工无"安全检查记录",安全管理措施落实不到位。

(2)专职电工不在岗,电焊工无证上岗。

(3)现场交流发电机(中型落地式)周围无围挡防护措施,且其周围存放大量燃料油。

(4)现场成品燃料油堆放点与明火(电焊火花)间距不足4m。

(5)现场所用钢筋弯曲机、切断机、套丝机、电焊机均无接地措施。

(6)电源线在钢筋加工场内随意乱拉,且相互缠绕。

(7)活动中心楼东侧土方开挖为放坡(高度为4.2m),且顶面未设置防护措施。

(8)施工现场与相邻林区隔离防火措施未落实,存在防火安全隐患。

不符合:(1)《建设工程安全生产管理条例》中第二十三条规定。

(2)JGJ 59—2011《建筑施工安全检查标准》中第3.11.3条、第3.2.3条、第3.19.3条及第3.1.4条规定。

(3)GB 50194—2014《建筑工程施工现场供用电安全规范》中第1.0.3条及第4.0.2条规定。

(4)《中华人民共和国建筑法》中第三十九条规定。

整改前	整改后

现场氩气瓶无安全检测标签。
不符合：GB/T 34525—2017《气瓶搬运装卸、储存和使用安全规定》中第6.1.3条规定：气瓶必须附有清晰的永久性钢印标识和检验标签，检验标签应包含检验日期、下次检验日期及检验机构代号。无检验标签或超期未检的气瓶禁止使用。

整改前	整改后

污水池基坑边搭建的施工通道未做防护。
不符合：JGJ 59—2011《建筑施工安全检查标准》中第3.11.3条规定。

整改前	整改后
	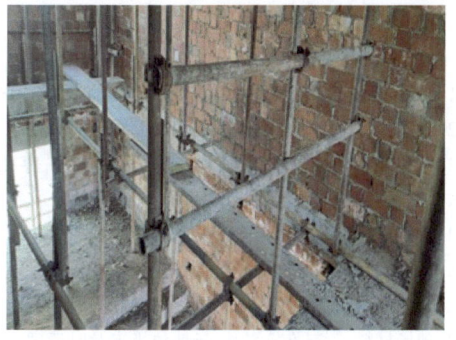

楼梯口未做临边防护，存在安全隐患。
不符合：JGJ 80—2016《建筑施工高处作业安全技术规范》中第4.1.1条及第4.1.2条规定。

整改前	整改后

钢筋加工区、木工加工区无"当心机械伤人"安全警示牌。

不符合：GB/T 50484—2019《石油化工建设工程施工安全技术标准》中第11.12.1条规定。

整改前	整改后

(1)卷扬机底座安装未固定牢固,仅用土袋堆压,存在安全隐患,要求采取固定措施,保证卷扬机安装牢固。

(2)人工挖孔桩施工人员进入桩孔时无安全防护措施,存在安全隐患,要求按照施工方案采取措施保证施工人员安全。

(3)桩孔锁口边四周未正确设置安全防护围挡,存在安全隐患,要求设置的安全防护围挡牢固并悬挂相关安全警示标志。

(4)在桩孔口堆放大量渣土,存在安全隐患。

(5)现场钢筋加工等设备安全操作规程未按要求设置。

(6)现场未按要求悬挂安全警示标语、标牌。

(7)现场材料、废料堆放混乱,场地垃圾未及时清理,现场脏乱差。

不符合：(1)GB 51004—2015《建筑地基基础工程施工规范》中第3.0.7条规定。

(2)GB 50540—2009《石油天然气站内工艺管道工程施工规范(2012年版)》中规定。

整改前	整改后

乙炔瓶和氧气瓶摆放间距为3.5m。
不符合：GB/T 50484—2019《石油化工建设工程施工安全技术标准》中第9.3.13条规定。

整改前	整改后

气瓶无防震胶圈。
不符合：SY/T 6444—2018《石油工程建设施工安全规范》中第5.5.1条规定。

整改前	整改后

现场实测风速已达到2.4m/s，但未采取有效的防风措施。
不符合：SY/T 4204—2019《石油天然气建设工程施工质量验收规范　油气田集输管道工程》中第6.1.5条规定。

整改前	整改后

气瓶胶管使用未落实"软管无老化、开裂现象,软管接口使用卡子牢固连接,鼓泡、漏气、老化的软管应更换或切除。破损氧气软管严禁用带油脂的材料包扎"相关要求。

不符合:(1)GB 9448—1999《焊接与切割安全》中第4.2.5条规定(气焊/气割软管管理):氧气、乙炔等燃气软管应无裂纹、漏气和老化现象,接口必须用专用卡子或金属丝扎紧,严禁使用破损软管。氧气软管禁用油脂类材料包扎。

(2)GB 2550—2016《气体焊接设备 焊接、切割和类似作业用橡胶软管》中第6.1.2条规定(软管使用要求):软管使用前应检查是否老化(如龟裂、鼓包),接口卡箍应确保气密性,破损软管必须更换,不得修复使用。

整改前	整改后

气瓶使用时,未落实"立放气瓶应有防倾倒措施,乙炔气瓶禁止卧放使用、气瓶上的易熔塞应朝向无人处"相关要求。

不符合:GB 9448—1999《焊接与切割安全》中第4.2.3条规定(气瓶放置要求):气瓶使用时必须直立固定,防止倾倒;乙炔气瓶严禁卧放使用。气瓶上的易熔塞应朝向无人方向。

整改前	整改后

气瓶胶管使用未落实"软管无老化、开裂现象,软管接口使用卡子牢固连接,鼓泡、漏气、老化的软管应更换或切除"相关要求。

不符合:SY/T 6444—2018《石油工程建设施工安全规范》中第5.5.3条规定:氧气、乙炔软管的使用,应遵守下列规定:氧气软管应为蓝色,乙炔软管应为红色,不应混用。鼓泡、漏气、老化的软管应更换或切除。

整改前	整改后

气瓶使用时,未落实"应采取防止暴晒、雨淋、水浸及高温热源辐射的措施、不放置在受限空间内"相关要求。

不符合:GB/T 34525—2017《气瓶搬运、装卸、储存和使用安全规定》中第6.3.1条规定:气瓶使用时必须采取以下防护措施:避免阳光长时间暴晒、雨淋或水浸;远离高温热源、明火及电气设备,距离不小于5m;禁止在密闭空间或通风不良的受限空间内使用。

整改前	整改后

手拉葫芦防脱钩装置状态不好。

不符合:GB/T 50484—2019《石油化工建设工程施工安全技术标准》中第5.2.1条规定:葫芦使用前应进行检查,吊钩防脱钩装置应良好,制动器有效。

整改前	整改后

混凝土搅拌机齿轮咬合部位、皮带传送部分安全防护罩未达到齐全、完好、可靠要求。

不符合:GB/T 9142—2021《建筑施工机械与设备 混凝土搅拌机》中第5.2.6条规定:搅拌机的传动系统(包括齿轮、皮带、链轮等)必须设置全封闭式防护罩。防护罩应配备安全联锁装置,当防护罩打开时,搅拌机应自动切断动力源并停止运转。

整改前	整改后

管沟内焊接作业，未按要求设置逃生梯、安全绳。

不符合：Q/SY 1242—2009《进入受限空间安全管理规范》中第5.4.1条规定：进入狭小空间作业，作业人员应系安全可靠的保护绳，设置安全逃生梯。

整改前	整改后

作业结束后，挖掘机停放在高边坡处，存在安全隐患。

不符合：JGJ 33—2012《建筑机械使用安全技术规程》中第5.2.23条规定：作业后，挖掘机不得停放在高边坡附近或填方区，应停放在坚实、平坦、安全的位置，并应将铲斗收回平放在地面，所有操纵杆置于中位，关闭操作室和机棚。

整改前	整改后

污水提升池基坑四周未采取硬隔离防护措施，未设置明显的警示标志，存在安全隐患。

不符合：JGJ 59—2011《建筑施工安全检查标准》中第3.11.3条规定：开挖深度超过2m及以上的基坑周边必须安装防护栏杆，防护栏杆的安装必须符合规范要求。

整改前	整改后

三相分离器爬梯无临边防护措施。

不符合：SH/T 3567—2018《石油化工工程高处作业技术规范》中第6.4.1条规定：施工现场所有临边应设置安全防护栏，防护栏应与主体结构同步施工。

整改前	整改后

吊车副钩未安装高度限位器。

不符合：SY/T 6444—2018《石油工程建设施工安全规范》中第5.11.4条规定：起重设备入场前应进行安全检查和性能评价，检查内容包括但不限于：制动机构、力矩限制器、变幅指示器、报警装置及各种行程控制开关等安全保护装置应齐全完整、灵敏可靠，并应保持完好。

整改前	整改后

基坑周边未设临边防护。

不符合：SY/T 6444—2018《石油工程建设施工安全规范》中第5.2.3.10条规定：基坑（槽）开挖深度超过1m时，基坑（槽）边应设临边防护，并应设置安全梯道。安全梯道的间距不应超过25m，且应牢固可靠。

整改前	整改后

氩气瓶放在焊机上,氩气瓶无防震圈,无有效防护,存在安全隐患。

不符合:GB/T 50484—2019《石油化工建设工程施工安全技术标准》中第3.6.13条规定:气瓶应存放在指定地点并悬挂警示标识,氧气瓶、乙炔气瓶或易燃气瓶不得混放。装卸气瓶时严禁摔、抛和碰撞。无保护帽、防震圈的气瓶不得搬运或装车。

整改前	整改后

施工现场300m³卸车罐防腐搭设脚手架未设置垫板,未设置扫地杆;横杆、立杆间距为1.8~2m;未挂设安全防护网。

不符合:JGJ 130—2011《建筑施工扣件式钢管脚手架安全技术规范》中第7.3.3条、第7.3.4条、第7.3.5条及第7.3.6条规定:现场要求对已搭设脚手架进行拆除整改。

整改前	整改后
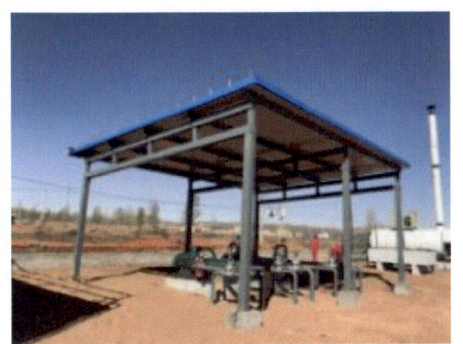	

输油泵房避雷网无引下线。

不符合:第三采油厂标准化临时输油系统建设工程电−1698/3中第2条规定。

整改前	整改后

井场内拉线未安装警示保护套。

不符合:GB 50173—2014《电气装置安装工程66kV及以下架空电力线路施工及验收规范》中第7.5.8条规定:拉线应避免设在通道处,当无法避免时应在拉线下部设反光标志。

整改前	整改后

部分氧气瓶、乙炔瓶未配置防振圈。

不符合:GB/T 50484—2019《石油化工建设工程施工安全技术标准》中第3.6.13条规定:无保护帽、防振圈的气瓶不得搬运或装车。

整改前	整改后

跨越基础附近山体陡峭，土护坡放坡系数不达标，有滑坡坍塌危险，现场未采取支护加固措施，在施工及后期维护中存在安全隐患。

不符合：设计文件及《危险性较大的分部分项工程安全管理规定》。

整改前	整改后
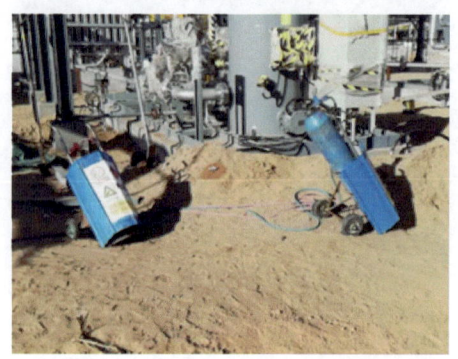	

氧气、乙炔气瓶安全距离不足5m，且与明火安全距离不足10m。

不符合：SY/T 6444—2018《石油工程建设施工安全规范》中第5.5.2条规定：气瓶应放置于距离办公和居住区域、明火作业点间距10m以上，氧气瓶与切割气体气瓶间距不宜小于5m。

整改前	整改后

泥浆坑及桩基坑周围未进行围挡，存在重大安全隐患。

不符合：JGJ 59—2011《建筑施工安全检查标准》中第3.11.3条规定：基坑施工深度超过2m的必须有符合防护要求的临边防护措施。

整改前	整改后

人行通道平台外围未设置挡脚板。

不符合：JGJ 130—2011《建筑施工扣件式钢管脚手架安全技术规范》中第6.7.2条规定：斜道两侧及平台外围应设置栏杆及挡脚板，栏杆高度应为1.2m，挡脚板高度不应小于180mm。

整改前	整改后

施工现场进行吊装作业，吊车支腿下未安装合格的枕木，吊钩无钢丝绳防脱装置。

不符合：(1)JGJ 59—2011《建筑施工安全检查标准》中第3.18.3.3.4条规定。
(2)《长庆油田分公司移动式起重机吊装作业安全管理办法》中规定：吊钩、卷筒、滑轮应安装钢丝绳防脱装置。

整改前	整改后

保障点主体外架脚手板安装不合格,外架搭设高度与屋面平齐,无法形成有效防护。

不符合:JGJ 130—2011《建筑施工扣件式钢管脚手架安全技术规范》中第6.2.4条及第6.3.7条规定:冲压钢脚手板、木脚手板、竹串片脚手板等,应设置在三根横向水平杆上。当脚手板长度小于2m时,可采用两根横向水平杆支撑,但应将脚手板两端与横向水平杆可靠固定,严防倾翻;两根相邻立杆的接头不应设置在同步内,同步内隔一根立杆的两个相隔接头在高度方向错开的距离不宜小于500mm。

整改前	整改后

电缆沟沟槽边及污水污泥池池边均未设置警戒带和安装防护栏杆,存在安全隐患。

不符合:JGJ 59—2011《建筑施工安全检查标准》中第3.11.3.6条规定:开挖深度超过2m及以上的基坑周边必须安装防护栏杆,防护栏杆的安装应符合规范要求。

整改前	整改后

基坑周边未设置防护栏。

不符合:JGJ 59—2011《建筑施工安全检查标准》中第3.11.6条规定:开挖深度超过2m及以上的基坑周边必须安装防护栏杆,防护栏杆的安装应符合规范要求。

整改前	整改后

宿舍及食堂基坑周边未设置钢管围护、安全警示牌及防洪堤。

不符合：JGJ 167—2009《湿陷性黄土地区建筑基坑工程安全技术规程》中第9.3.2条规定：基坑的四周应设置安全围栏并应牢固可靠。围栏的高度不应低于1.20m，并应设置明显的安全警告标示牌。

JGJ 167—2009中第13.2.1条规定：对深度超过2.00m的基坑施工，应在基坑四周设置高度大于0.15m的防水围挡，并应设置防护栏杆，防护栏杆埋深应大于0.60m，高度宜为1.00~1.10m，栏杆柱距不得大于2.00m，距离坑边水平距离不得小于0.50m。

整改前	整改后

公寓楼二层脚手架局部脚手板铺设为探头脚手板，且无固定措施，存在安全隐患。

不符合：JGJ 130—2011《建筑施工扣件式钢管脚手架安全技术规范》中第6.2.4条规定：脚手板必须铺满、固定，严禁出现未固定的悬挑部分。外伸长度限制：对接铺设时，板端外伸长度应控制在130~150mm，两板外伸总和不大于300mm。搭接铺设时，搭接长度不小于200mm，板端伸出横杆长度不小于100mm。

整改前	整改后

污水污泥池基坑周边现场围挡不符合要求。

不符合：JGJ 59—2011《建筑施工安全检查标准》中第3.2.3条规定：市区主要路段的工地应设置高度不小于2.5m的封闭围挡；一般路段的工地应设置高度不小于1.8m的封闭围挡；围挡应坚固、稳定、整洁、美观。

整改前　　　　　　　　　　　　　　整改后

公寓楼二层脚手架搭设与专项施工方案不一致；局部立杆缺失，主节点无扣件连接固定，存在安全隐患。

不符合：JGJ 130—2011《建筑施工扣件式钢管脚手架安全技术规范》中第7.3.5条规定：除顶层顶步可采用搭接外，其余各层各步接头必须采用对接扣件连接。

整改前　　　　　　　　　　　　　　整改后

公寓楼二层框架结构支撑架搭设，外围部分斜立杆根部支点设在框架梁外边沿或直接设在边框梁外侧模板上；支点不牢靠，存在安全隐患。

不符合：GB 51210—2016《建筑施工脚手架安全技术统一标准》中第3.1.3条规定：脚手架的设计、搭设、使用和维护应满足下列要求：应能承受设计荷载；结构应稳固，不得发生影响正常使用的变形；应满足使用要求，具有安全防护功能；在使用中，脚手架结构性能不得发生明显改变；当遇意外作用和偶然超载时，不得发生整体破坏。

整改前	整改后

(1) 未进行平面布置，现场无"五牌一图"，场地周边未封闭且无防护措施。
(2) 压缩机基坑放线未进行报验就进行基坑开挖施工，且周边无防护措施。
(3) 集气站场平整度偏差较大，未进行平整压实；填方段未压实，水毁严重未处理。
(4) 现场无防洪防汛物资，基坑周边无挡水围堰及措施。
不符合：(1)《安全文明施工管理条例》中第2.2条规定。
(2) GB 50300—2013《建筑工程施工质量验收统一标准》中第3.0.3条规定。
(3) 已审批的《雨季施工方案》中规定。

整改前	整改后

现场护坡边缘1m范围内车辆存在施工现象。
不符合：SY/T 6444—2018《石油工程建设施工安全规范》中第5.2.3.9条规定：在基坑(槽)、管沟边沿1m范围内不应放置土石、材料及车辆、设备等。

整改前	整改后

气瓶无防震胶圈。

不符合:SY/T 6444—2018《石油工程建设施工安全规范》中第5.4.2条规定。

11.4 警戒标识

整改前	整改后

管线试压作业现场未按要求设置安全警戒标志。

不符合:GB 50819—2013《油气田集输管道施工规范》中第13.1.15条规定:管道在强度试验过程中,应设立警戒标志。

整改前	整改后

管线试压作业现场未按要求设置安全警戒标志。

不符合:GB 50819—2013《油气田集输管道施工规范》中第13.1.15条规定:管道在强度试验过程中,应设立警戒标志。

整改前	整改后

开挖作业区域现场未按规定设置规范统一齐全的安全警示标识、安全警示带、安全防护围栏等防护隔离警示设施。
不符合:JGJ 59—2011《建筑施工安全检查标准》中第3.1.4条规定:安全管理一般项目的检查评定应符合下列规定:施工现场入口处及主要施工区域、危险部位应设置相应的安全警示标志牌。

整改前	整改后

输油管线施工现场未设立相应安全标志。
不符合:JGJ 59—2011《建筑施工安全检查标准》中第3.1.4条第4款规定:施工现场入口处及主要施工区域、危险部位应设置相应的安全警示标志牌。

整改前	整改后

未设置施工警示牌,施工范围未设置警戒线。
不符合:SY/T 6444—2018《石油工程建设施工安全规范》中第4.2.4条规定:临近运行装置、罐区、易燃易爆物品或危化品存放区、道路、深基坑等施工时,应进行围挡隔离,设置安全警示标识,并实时进行监测。

整改前	整改后

污油回收装置基坑边未设置安全警示标志牌。

不符合：JGJ 59—2011《建筑施工安全检查标准》中第3.1.4条第4款规定：施工现场入口处及主要施工区域、危险部位应设置相应的安全警示标志牌。

整改前	整改后

施工现场警戒警示标识设置不完整，不规范。

不符合：SY/T 6444—2018《石油工程建设施工安全规范》中第4.2.4条规定：临近运行装置、罐区、易燃易爆物品或危化品存放区、道路、深基坑等施工时，应进行围挡隔离，设置安全警示标识，并实时进行检测。

整改前	整改后

作业现场未按要求设置安全警示牌、警示立杆、警示带。

不符合：JGJ 59—2011《建筑施工安全检查标准》中第3.1.3条规定：施工现场入口处及主要危险部位应设置明显的安全警示标志(如警示牌、警示带)，未设置则扣分。

整改前	整改后

现场主要施工区域设置安全警示、警戒措施。
不符合:JGJ 59—2011《建筑施工安全检查标准》中第3.1.4.4条规定:施工现场入口处及主要施工区域、危险部位应设置相应的安全警示标志牌。

整改前	整改后

(1)现场设备基础及巡检室基坑未设置临边防护且未悬挂安全警示标志。
(2)施工现场整个施工区域未封闭管理,存在安全隐患。
不符合:(1)JGJ 59—2011《建筑施工安全检查标准》中第3.11.3条规定。
(2)JGJ 59—2011中第3.2.3条规定。

整改前	整改后

未设立警戒牌,警戒绳。
不符合:现场安全、文明施工相关条款规定。

整改前	整改后

施工现场所有配电柜及配电箱无电压标识和危险标识。

不符合：Q/SY 1244—2009《临时用电安全管理规范》中第5.4.5条规定：所有的临时配电箱应标上电压标识和危险标识。

整改前	整改后

基坑开挖完成后无警示标识，未设置指示牌，未进行硬质围挡。

不符合：GB/T 50484—2019《石油化工建设工程施工安全技术标准》中第7.1.6条、第7.1.10条规定。

整改前	整改后

警戒线设置不当且未设置安全警示牌。

不符合：现场安全、文明施工要求。

整改前	整改后

清管器接收筒、污水池基坑外围未设安全警示标志,基坑未设置安全通道,存在安全隐患。
不符合:SY/T 6444—2018《石油工程建设施工安全规范》中第5.2.3.10条规定。

整改前	整改后

压缩机棚基坑坑边无安全警示标志牌,警戒线高度0.8m;基坑四周未设排挡水墙,雨季造成雨水流入坑内,影响工程施工正常进度。
不符合:JGJ 59—2011《建筑施工安全检查标准》中第3.11.3条第2款规定及防洪防汛专项方案规定。